为你的成功
找对方法

周淑华◎著

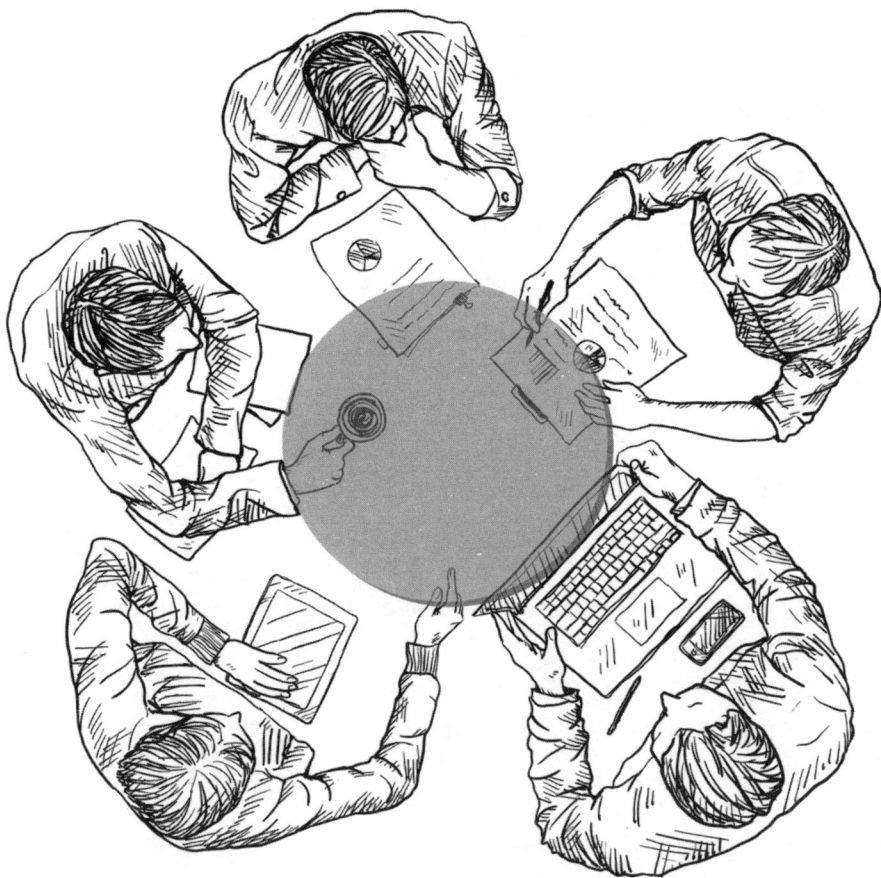

北京工艺美术出版社

图书在版编目（CIP）数据

为你的成功找对方法/周淑华著．—北京：北京工艺美术出版社，2018.3
（励志·坊）
ISBN 978-7-5140-1215-6

Ⅰ.①为… Ⅱ.①周… Ⅲ.①成功心理—通俗读物 Ⅳ.①B848.4-49

中国版本图书馆CIP数据核字（2017）第030012号

出 版 人：陈高潮
责任编辑：王炳护
封面设计：天下装帧设计
责任印制：宋朝晖

为你的成功找对方法

周淑华 著

出 版	北京工艺美术出版社	
发 行	北京美联京工图书有限公司	
地 址	北京市朝阳区化工路甲18号	
	中国北京出版创意产业基地先导区	
邮 编	100124	
电 话	（010）84255105（总编室）	
	（010）64283630（编辑室）	
	（010）64280045（发 行）	
传 真	（010）64280045/84255105	
网 址	www.gmcbs.cn	
经 销	全国新华书店	
印 刷	三河市天润建兴印务有限公司	
开 本	710毫米×1000毫米 1/16	
印 张	18	
版 次	2018年3月第1版	
印 次	2018年3月第1次印刷	
印 数	1~6000	
书 号	ISBN 978-7-5140-1215-6	
定 价	39.80元	

成功，需要目标和方法

CONTENTS

成功，
需要行动和坚持

目录

成功，
需要自律和自信

成功，
需要修养和魄力

成功，
需要突破和创新

成功，
需要目标和方法···

世界上最可怕的两个词，
一个叫执着，一个叫认真。
认真的人能够改变自己，
执着的人能够改变命运。

逼自己一把，
成就更好的自己

你以为你尽力了，其实你还没有发现你发展的空间有多大。

[1]

初到大学的时候，伴着而来的拘谨与彷徨让我有点不知所措，不过，师兄师姐们的热情和友好，让家的感觉涌上心头。

每当对学校或是专业课程，有什么不了解的时候，师兄师姐们总是耐心地为我们解惑。

甚至有些问题显得相当幼稚，师兄师姐们还是照答不误。

记得有一次，我去校外参加比赛。赛前，我足足准备了半个多月，每天的课后的时间就是我的训练时间。

我从不感觉到累和苦，因为我的脑袋里只装着一个念头：我要把我最好的一面展现给他人看！

但最终，我被淘汰了。

虽然我明白付出多少不一定会让失败停步，努力与否也不一定换来鲜花与掌声，但是失败所带来的失落与失望，就如同一层接一层的波浪，不断地翻滚着，也不断地煎熬着我。

［2］

事后，我压抑不住满腔的苦闷，便像个受了委屈的小孩那样，向一位师姐倾吐心肠了。

我们聊了许久，师姐的话有如初冬的一缕阳光，很暖心也很受用，我的心情也慢慢得到了平复。

聊到最后，师姐跟我说：没事，尽力了就好。

我当时非常赞同这句话："为了这次比赛，我真的尽力了，可以说是无愧于心了，所以我又何必如此烦恼呢？过程不是比结果更重要吗？"

我们往往把"过程比结果更重要"这句话当作挡箭牌，把结果的意义淡化了，也就把失败的教训抛之脑后。

美国有一位心理学教授曾提出舒适区理论：舒适区内，阅读者阅读毫无难度的读物，虽处于心理舒适的状态，但进步缓慢；伸长区中，阅读者阅读有一定难度的读物，感到某种程度的不适，但跳一跳还是够得着，理解力提升明显；恐惧区里，阅读者阅读难度过大的书，由于超越能力范围太多，感到严重不适，难以卒读。

理想状态是伸长区，但绝大多数人待在舒适区里不肯跳出来。因为他们觉得：已经尽力了，也就够了，所以也就停止了进步。

［3］

医学界曾断言：人类一百米跑步是不可能进十秒以内的，因为人类的肌肉纤维承载的运动极限是达不到一百米十秒的。

幸甚的是，所谓的预言并没有成为人类继续挑战极限的桎梏。如今，牙买加短跑名将博尔特跑出的9秒58，或许让许多人望尘莫及，不禁慨叹：这可能就是人类的极限吧！但是在历史的长河中，这不过是人类的又一个新起点罢了。

"尽力了就好"经常扮演着定心剂的角色，当其出现越多的时候，恰恰就是你徘徊不前、面临瓶颈的时期。

你以为你尽力了，其实你还没有发现你发展的空间有多大。不逼自己一把，你永远都不知道可以爬到多高，飞到多远。

当别人在你遇到挫折的时候，安慰你说："尽力了，就好。"你应该要像个斗士一样，勇敢地跳出这个温柔乡。别忘了，你的内心深处，有一个声音：我还可以更好！

$$\Bigg[\ \text{成功终究会向}\atop\text{努力的你招手}\ \Bigg]$$

我相信，只要努力，每个人都可以变得好看。这种好看不仅仅是外表的好看。

[1]

我有个同事，叫琪琪，长得挺胖的，她对我说过的最多的一句话就是："真羡慕你，这么瘦，穿什么衣服都好看。"

我跟她一起去商场买衣服，我每试一件衣服，她都会感叹一下：我怎么就这么胖，不行，我要减肥。

第二天她真的就信誓旦旦地闹着要减肥。我们出去聚会，问她要不要去，她说不去，要减肥。结果没过多久她就打来电话："不行，我饿了，你们给我打包点儿吃的吧。"

回家后，她依然抱着零食，躺在沙发上看电视，从来不运动。

一边说着要减肥，一边管不住自己的嘴，怎么可能减肥成功。

如果她一直坚持，减肥成功，她也可以很好看。

很多时候，你没有努力让自己变得更好。

[2]

大学的时候认识一个学姐，相貌平平，但其他方面出类拔萃。

大一，在他人还沉浸在终于摆脱高中枯燥的学习生活的欢乐中时，为了积攒经验，她开始出去兼职当家教了。

我问她，一边上课一边兼职累吗？她说累，但现在累一点，以后就可以轻松一点。

经验有了，钱也有了。该学习的时候她也丝毫不放松，作为一个历史系的学生，她自学考了会计从业资格证、初级会计证书、银行从业资格证。

大四毕业，大家都还在为找工作一筹莫展时，她已经顺利地拿到会计的从业资格，还成功地应聘上某中学的教师职位。

当你足够努力，优秀到让所有人都看见你的时候，机会自然会来临。

大多数公司面试的时候看的是你的实力，而不是单纯看脸。

[3]

前几天看了《我是演说家》的一期节目——《这是不是一个看脸的世界》。

记得曹云金说："有一个美丽的外表是会亮起很多绿灯，但那不是唯一的途径，比如我作为演员，不见得你只有漂亮，你才有粉丝、有观众喜欢，你要会演戏。"

鲁豫说："任何时代都看脸，但看的是什么样的脸，可能很多人会说，我很丑我是一个普通的女孩，我需要机会，如果我美，那道门就能够为我打开。的确你美了那道门会为你打开，但是决定你在这个舞台上站多久的，就是

［成功，需要目标和方法］

007

脸背后的，你看不见摸不着，刚才我们说那个可能很虚的，叫气质叫才华叫能力的东西。你说OK，只要你给我打开那个门，我就能保证，我在这个舞台上站很长的时间，那说明你本身就有才华。"

我很同意鲁豫的观点，能让你走很久很久的东西，绝对不是皮囊，而是你脑袋里装的东西。

喜剧演员贾玲，她是靠长得好看走到今天的吗？不是。

她第一年报考北京电影学院失利，第二年报考中央戏剧学院才终于被录取。她的爸爸妈妈都是非常普通的人。她也曾住过地下室，卖掉自己最心爱的随身听买最便宜的面条和咸菜，度过一个又一个没有暖气的寒冬。

她曾在长达两年的时间里没有任何作品，甚至心灰意冷想要转行，可最后她还是选择了坚持。她没有好看的脸蛋，也没有所谓的权力，她有的只是不断地努力。

通过自己不懈的努力，或早或晚成功都会向你招手。

[4]

我也曾做过整容，然后嫁富豪的美梦，可是梦醒了你会发现，你不努力，连去整容的费用都支付不起。

有人会说，我如果长得好看或许就可以早一点成功，没错，长得好看机遇或许更多。但那不是最重要的。

是危机感给了
你成功的动力

作家王非庶说过，危机感是一个人进取心的源泉，同时也是一个人成长发展的重要动力。如果一个人失去了危机感，就会变得安于现状，裹足不前，等待他的只有被淘汰的命运。

这已经是她第三次走进考场了，尽管哈尔滨依然冰天雪地，但她的内心热烈似火，满怀憧憬。朋友们都埋怨她，工作稳定，收入丰厚，何必要自讨苦吃？他们哪里知道，正是因为稳定的工作、不错的收入才让她惴惴不安。她不求稳，她要上进，要考取北京广播学院的研究生。那年，她已年近三十。

幸运的是，这次，她轻松考过了。在研究生生活的3年里，她潜心学习，像一棵枯萎的树木逢久违的甘露，如饥似渴。研究生毕业后，几乎没费什么周折，她进入了中央电视台。这一年，她已经33岁。

尽管进入了央视工作，她还是觉得危机四伏。中央电视台人才济济，竞争很激烈，她自知没有任何优势，只有付出比别人多几倍的心血和汗水，才不会被淘汰，才能站得住脚。她虚心向同事学习，经常在办公室加班加点到深夜，把每一项工作都当作重大的使命来完成，从来没有因为家庭的事而影响工作。庆幸的是，她有一个通情达理的丈夫，在这样坚实后盾的支持下，她的事业一帆风顺，终于在中央电视台有了一席之地。

一晃几年过去了，那天早晨，她揽镜端详，蓦然发现原本青春的脸上留下了岁月的痕迹，看着眼角细密的皱纹，她忽然意识到自己已经40岁了。她感到有点后怕，主持是高风险的职业，淘汰率是很高的，仅中央电视台的主持人就有三百多，而且新人层出不穷。现在全国综合性的大学也有很多开办了广播电视专业，甚至已经细化到了播音和主持专业，现在的年轻人接受新事物的能力很强，对现有主持人存在很大的威胁。

青春靓丽不意味着事业的滑坡，但是此时再没什么新鲜刺激的话，人会不可控制地产生惰性。选择一个更富于挑战性和新鲜感的环境，对现在的她来说很重要。

但是，要做出新的选择谈何容易，尤其对于电视节目主持人来说是一件相当困难的事。恰逢新建节目《焦点访谈》的制片人孙玉胜极力邀请她前往加盟。她动了心，却又举棋不定。那时候的她正在主持一个以自己名字命名的节目，那是全国第一个以主持人名字命名的节目。

那段时间，她焦虑，每天都患得患失，内心充满着苦涩和忧郁。一切的情绪变化都被细心的丈夫收入眼底。他真诚地对她说："作为女主持人，一直以来你都不是靠青春美丽吃饭的，你之所以能赢得观众的喜爱，更多的是靠自己的智慧、学识、修养和内在的气质。年龄对一个人来说，可以是一种负担，也可以是一种财富。不要有任何思想包袱，尽管放开去做。"

丈夫看似几句平淡的话语，在她听来却那么的铿锵有力，字字重千斤，砸在她那颗徘徊不定的心上，给了她信心、勇气和力量，她的心境变得豁然开朗，有了丈夫的支持，她开始大刀阔斧地放手来干。

付出不一定有回报，但不付出绝对没有回报。经过不懈努力，她终于在央视成为一位举足轻重的人。她就是敬一丹，中央电视台名牌栏目《焦点访谈》《东方时空》的著名主持人，连续3次被评为全国"十佳电视节目主持人"，并多次获得主持人的最高荣誉"金话筒"奖。

敬一丹曾在自己获奖时坦言："我们真的能担当得起如此高的荣誉吗？我认为每一位获奖的主持人都要扪心自问，我们配得上吗？"

正是这种危机感，唤醒她内心深处，如风中一盏灯，忽明忽暗，让她一次又一次地超越自己，登上事业的巅峰！

[成功
需要合作]

每当秋天来临、大雁南飞的时候，整齐的雁群一会儿排成"人"字，一会儿排成"一"字。它们之所以在空中不断变换队形，同它们的续航有着内在的联系。这是它们在长期适应中所形成的最省力的团队飞翔方式。

雁群飞翔时，后一只大雁，能够借助前一只大雁鼓翼时产生的空气动力，省力飞行。当飞行一段距离后，左右交换位置是为了使另一侧的羽翼也能借助空气动力缓解疲劳。

没有一只鸟能飞得太久，如果它只用自己的翅膀飞翔。分享共同目标和集体感的雁群可以更快、更轻易地到达它们想去的地方。当一只雁即将偏离队伍时，它马上就会感到有股动力阻止它离开，借着前一个伙伴的"支持力"，它很快就能回到队伍中。

更重要的是当一只雁生病了，或是因枪击而受伤脱队时，另外两只大雁就会主动脱队跟随它，帮助并保护它。它们跟着那只病雁一起落到地面，直到它能够再次飞翔或者死去。除非同伴死去，另外两只大雁才会再次飞起，或随着另一队雁赶上它们自己的队伍。

正是由于为了共同的目标而相互协作，雁群才能够越过万水千山，最终回到它们的栖息地。

像大雁一样，人离开了群体，也不能健康成长。

人离不开群体，而且群体的组织形式也越来越发达。除家庭、社区外，还有学校、工厂、公司、军队等具有严密组织的社会群体。

随着现代社会分工越来越细，社会作为功能交换的体系越来越发达，个人对群体的选择性越来越强。通过对群体的选择和确定，个人可以不断发掘自己的潜力，发挥自己的才能，拓展自己的发展空间。

信息社会一大特点是人与人之间的联系、交流增多，人们可以通过各种途径增加交往的机会。发达的交通工具、便捷的通信网络等都让人与人之间的交往更为便捷。

只要你想生存，想成功，你就离不开合作——各种各样的合作。

精诚合作、集思广益不仅可以创造奇迹，开辟前所未有的新天地，也能激发人类的潜能，即使面对人生再大的挑战都不畏惧。两根木头所能承受的力量大于个体承受力的总和。俗话说"一根筷子容易断，十根筷子断就难"，也说明了合作的重要性。

当努力成为一种习惯，想不成功都难

他问：我也想写字，该往哪里投稿？

我答：你如果刚刚开始，还是要多练笔，多读书，投稿可以缓一缓，有许多机会。

他说：如果不能发表的话，写了还有什么意义？

我无言以对。

大部分自称喜欢写字的人，都停留在"称"，而"写"的部分却很少。

不多写多练，投稿也多是失败，更容易放弃，所以……为什么不先去努力把事情做好，再看结果如何呢？

他带着不满走了，我明白他的言外之意：你现在出书写稿顺风顺水，肯定不理解我的郁闷。

她问：我成绩不理想，总是想努力，可总不行，心里着急，但是没用啊，怎么办？

我答：我也只能劝你继续努力，学习这件事任何人都替不了你，你除了努力，没有别的办法。

她说：可是真的好难啊。我觉得自己很努力了，但不见成绩，所以很灰心。

我不知道该说什么。

我上高中时，150分的数学题只考49分，你比我还不如？！

我能做的就是，利用所有时间补课，从基础开始补，一点点地赶，考试做不出最难的那道题，但至少我可以把基础分拿到手。坚持半年，成绩也只是刚及格而已；但再坚持半年、一年，高考时数学没有拖后腿，几乎是我整个高中三年最好的一次成绩，心满意足。

她带着满腹狐疑走开，总觉得不那么可信。

唉，本来就是，看上去别人的路总是好走一点，鲜花满地，而自己呢？则总是荆棘丛生。

他问：我非常不喜欢现在的工作，但是我喜欢的行业又进不去，很迷茫，很没劲。

我答：有没有可能先赚钱糊口，利用业余时间来发展兴趣爱好，掌握技能，时机成熟，你就可以跳进喜欢的行业啊！

他说：哪有说起来那么简单？要花钱，还得有时间，我现在就很忙很累很辛苦……

我沉默。

我认识的很多人，都能证明他的牢骚满腹根本没有一点用处，哪怕用一点力量去改变现状都会有收获。

我先生学机械的，后来靠上培训课程和读书自学，从事了自己喜欢的行业，而时间都是挤出来的；

朋友zhaozhao，学中文的，做编辑多年，这几年对中医感兴趣，花钱花时间去学中医；

还有拍档小怕，公司白领，私下从未放弃钟爱的摄影和设计工作，没学过相关专业，同样能做出令人叫好的设计。

但他觉得我说的这些，都是"成功者"，离他太远了，他是一个很普通的人，所以，寸步难行。

呵，我讲的哪一个人，又不是普通人呢？

他们和你之间，只差一个"努力"而已。

奇怪的是，好多人不相信"努力的力量"。

他们总觉得，那是骗人的鸡汤，是催眠的药片，是一些人给另外一些人灌的迷魂汤。

他们睁开眼睛，觉得自己的生活就是惨白的：出身平凡的家庭，平淡无奇的成长经历，没什么天资美貌，也没什么技术特长，跟同样平凡的人恋爱结婚生子，在一份工作里虚度一生……啊，好悲惨，我的人生无望！

可是，我不相信一个人靠努力不能换来一点改变命运的机会，不能靠勤奋为争取多一点资源。

前几天，看表弟发小视频，热热闹闹的农村大集上，人们在挑挑拣拣买东西。觉得亲切又感动。

表弟小我几岁，早年家里经济条件好，他又是独生子，自然养尊处优。

后来，他在家里种果树辛苦又忙碌，又当兵经历了些磨炼，渐渐成了吃苦肯干的人。娶妻，生子，在城里买了房子，也像别人一样去上班，日子勉强还好，总是觉得紧巴巴，比上不足，比下有余。

很多二十多岁的人也是这样过的，背着房贷，养着妻儿，担子很重，压力很大，满面愁容地负重前行，工作月赚点钱，只要安稳就行，大家不都是这样一辈子吗？

表弟并不想这样。他不怕吃苦，一直在找机会，后来开始贩卖蔬菜，开大车跑长途，很累但赚得多，心情也舒畅。

我们一起吃饭，我听他说凌晨时开车在路上，听他说去收蔬菜的情景，听他的满足与自豪，非常的敬佩与欣慰。真的。

不要总是抱怨时运不济。也不要总觉得努力没有回报。

在能够看到成绩和收获之前，你就先缴械投降，自然也就无法啜饮胜利的甘美。

我相信努力会成为一种习惯。而这种习惯，会让你受益终身。

当你做一件事，第一次失败时，你鼓励自己再来一次；当你想要达到一个目标，第一次没有达到时，你给自己加油：再来一次！

当你想实现一个目标，却发现路途遥远，举步维艰的时候，你在心里给自己不停地鼓劲：我要努力，不然永远都没有成功的可能。

你会发现，一点点小成绩，都可能让你满心欢喜；而越来越多的小成绩，就会改变你的生活，实现你的梦想，达成的你愿望。

在"为自己加冕"刚开始做的时候，我就提及，豆豆在练颠球时，最开始总是因为次数太少而心灰意冷，恼羞成怒，我会鼓励他，不停练习，不断努力。最开始只有两三个，后来是五六个，再后来慢慢增多，现在经常是二三十个。

最开始的紧张、压力和烦躁消失不见，取而代之的是笃定与自信，偶尔一次做不好也不再气馁地扔下球拍，而是弯腰捡球，非常淡定地再来一次。

因为在过程中，他渐渐看到了努力的力量，也体验到了努力的乐趣——只要我不放弃，只要我肯努力，我就能进步，慢一点，也没关系。

重要的是，一直在进步。

努力这件事，会成为身心的一部分，成为一种习惯，让你在做任何事时，都条件反射：咦，我努力试试看呗！

一个习惯偷懒和放弃的人，遇事的习惯性想法是"啊，好麻烦，好难，还是算了吧，我不行"；

一个习惯努力和勤奋的人，则完全不同，他会想："是有点难，我努力试试看啊，总是会有用吧。"

努力不一定成功，但是一定会有收获。即便最后失败，在这个过程中，你也能汲取营养。

譬如，哪怕你最后投稿失败，你之前的那几千几万字习笔文字，也一定不会辜负你，你的最后一篇文章，一定写得比第一篇好很多。

不信试试看。

敢于撕下标签，
你才能成为更好的自己

小时候，只是几次英语考试考砸了，父母或老师是否就说你在语言上没有天赋？你是否认同他们的说法，认为自己不是学英语的料，从此在英语这一门功课上得过且过？

也许，你只是爱说几句笑话，身边的人是否就评价你是个幽默的人？而你是否认同了他们的评价，在日后的每一次聊天里都刻意找寻展现自己"幽默"一面的机会，却时不时也会不小心玩砸，把气氛搞到非常尴尬？

"没有语言天赋"也好，"幽默"也罢，这些他人给我们贴上的标签，看似是在了解情况后做出了负责任的评价，但实际上是一种不愿意深入了解便匆忙将人分类的精神偷懒。但糟糕的是，如果我们认同他人一时贴上的"标签"，有意维持正面"标签"给自己带来的形象，对负面"标签"也采取消极认可的态度，那对我们的成长将是非常不利的。

读初中的时候，也许真是有些天赋的因素，我的英语成绩一直位列年级前茅，而数学成绩却往往惨不忍睹。家长也好，班主任也好，都说这孩子有语言天赋，适合读文科，理科只能说是马马虎虎。

在这些"标签"的影响下，我也开始认为自己真的有语言天赋，在英语学习上不需要花费太多的工夫，而既然不适合读理科，那数理化就随便应付一下得了。到了高中，由于被分配到实验班，身边不乏优秀而又刻苦的同学，在这里，我的英语天赋比不过别人的朝夕努力，我的数学更是惨得一塌糊涂。

　　我迷茫了，难道天赋不是比努力更重要吗？为什么天赋还会输给努力呢？很长一段时间，我都逃避去想这些问题，将最好的时间荒废在网吧。但高二以后，我开始有意去补数学，在英语上也花费更多的时间去学习，两门功课的成绩都排到了前列的位置。

　　这其中的改变涉及了两种思维模式，在乔希·维茨金的《学习之道》里，这两种思维模式分别叫作"整体理论"与"渐进理论"。持有"整体理论"的人，倾向于认为自己在某一方面很聪明、很有天赋，并认为自己在这方面取得的成就必须归功于这种与生俱来的能力，而这种能力是一种固定的、无法再改变的"整体"。

　　而采取"渐进理论"的人，更倾向于认为自己目前的成绩有赖于不懈的努力，并认为循序渐进的努力可以让自己做得更好。在遇到挑战时，"渐进理论"者更有可能去迎接挑战，将未来的成功与当下刻苦努力联系在一起；而"整体理论"者则容易感到焦躁不安，并以简单的"聪明""愚笨"或是好、坏来评价自身，倾向于采取"无助反应"。

　　对"整体理论"者而言，他们对自己的评价，不外乎是别人有意无意给他们贴上后产生了自我认同的"标签"。初中的时候，我认同了父母老师给我贴的"标签"，采取了"整体理论"的思维模式，在英语方面自认为不需要太努力，在数学上则深信自己"生来不是那块料"，努力了也没用，于是他人贴"标签"时的精神偷懒转化成了自己在学习道路上的实际偷懒。

　　等升到高中，在真正优秀而又刻苦的人面前，所谓的"天赋"根本不堪一击，我便又跟大部分"整体理论"者一样，开始逃避现实。所幸的是，在迷失过后，我尝试了去努力，成了一名"渐进理论"者，最终也靠努力取得了不错的成绩。

　　不过，我要讨论的既不是努力跟天赋哪个更重要，也不是努力了是否就能得到想要的结果，而是在我们成长过程中的那些标签。正面的标签固然是一种肯定，但如果我们美滋滋地享受着这些标签给自己带来的飘飘然，并在生活中刻意寻找机会去证明这些标签的正确性，那我们自身就会被标签所绑架，要么拼命维持标签给自己树立的形象，要么某一天被标签外的因素所打败。

同样，一旦我们认同了反面的标签，那我们在某一方面就很难再取得成长，面对人生中的失败时更容易放弃自己，在沮丧中日趋沉沦。生活中不乏这种以"天赋论"去论断他人及自身的人，我们必须小心他们给我们贴上的标签，当然，更要小心自己给自己贴上的标签。

在固化的标签面前，我们每个人都应该清醒地知道，自己是一个可以不断成长的个体，即使是天才，也离不开百分之九十九的汗水；而勤能补拙的道理，也应该融入每一个人的血液中去。真正的赢家，不是一次成绩好就被贴上了标签的天才，而是无论成功失败，都敢于撕下标签，在不断地努力和反思中追求更好的自己。

促使成功的
一个是执着一个是认真

[1]

在互联网创业的狂潮中，越来越多的年轻人创业成功，我们被这种"出名要趁早"的社会风气影响着。羡慕别人的成功，看着自己年龄不断增长，却一事无成，也开始焦虑，开始担忧未来。

不知从什么时候开始，我身边一群人跟我请教问题的方式变成：我现在大二了，不知道自己做什么才能成功，很焦虑，我该怎么办？我今年要出来工作了，我好恐慌；又或者我现在好想创业，可是我不知道自己能干什么；更有人问我，怎样才能够跟别人一样，很快就能成功？

曾经我每天都被这些想要寻求出路、急切想要成功的问题所困扰。现在回想起来，我发现自己曾经也是在这样的焦虑以及担忧中一步步走过来的，虽然现在也会焦虑，但是，当我看清楚别人成功的背后所做的努力的时候，我能够更加淡定地去面对自己的焦虑。

[2]

我上一家公司的老板，总是跟我说，女孩子，要先立业，再成家。女孩子的青春是很短暂的，你要好好珍惜自己的这几年时间，好好地奋斗，赶紧做好自己的事业。

他跟我说这些话的时候，我还在迷茫阶段，不知道自己要做什么，不知道自己可以做什么。我看着公司有些年纪轻轻的同事月薪好几万，我看着媒体报道的年轻人创业成功，我内心充满了无限的焦虑，也希望自己能够早日成功。

曾经我也一度陷入"成名要趁早"的圈子中。

每天晚上，我焦虑得睡不着，我想着那些初中毕业就开始工作的同学，有些已经是某公司的经理；在朋友圈看到我的朋友出国去旅游；看着我的朋友早早地结婚生子，过着家庭生活；而我，还在外面漂泊，过着居无定所的生活，工作也仍然没有起步……想着种种的一切，我感觉：自己这辈子真的过得很失败。

可是，我并不甘心于一直这样下去，我试图去阅读成功学的书籍，尝试着看看在里面能否找到答案，但是，我发现，大部分的"成功学"故事，只会告诉你这个人有什么机遇，不会告诉你为什么机遇会垂青于他；只会告诉你他收获了多少，不会告诉你他付出了多少；只会告诉你他成功了，不会告诉你他为什么这么快就能够成功。

所以我开始去探寻这些成功人士的背后究竟是怎样的？他们为什么能够那么早就成名？当我在看他们的资料的时候，我内心也渐渐平静下来，因为我发现他们并非像媒体所报道的那样子，我看到的更多的是他们的努力，成功背后的付出。所以，我开始将重心转移到自己身上。

[3]

大学的时候，我总是喜欢去思考自己的未来，然后就开始焦虑不已，我不知道怎样才能实现的目标。我身边的朋友总是劝我说，不要想太多，过好现

[成功，需要目标和方法]

在就好了，未来有无限种可能。

当我工作的第一年，我更加焦虑，我总是感觉青春快要没了，自己的年龄渐渐地要到达结婚的年龄了，自己会渐渐地老去。我感觉成功好像离我越来越远了，以至于某段时间，我好像得了抑郁症，不想跟人讲话，不想去做其他的努力，我感觉太痛苦了。

最终，我还是静下心来，去梳理自己焦虑的原因。第一，积累还不够，腹中无料；第二，接触的东西不够多，视野不广；第三，缺乏深入思考，处事不全；第四，总在努力奋斗，却没有找对方向。

我像陀螺一样不停地转，迷失了自我的方向。当我梳理完之后，我便一点一点地去努力，去一点点攻克，不断地去完善自己。

当我这样一点点去努力的时候，我也在努力中渐渐地看到自己的方向，虽然带有焦虑，但是，能够一点点地去进步，更加踏实地去走好当下的每一步。

我突然明白很多的焦虑，其实是我们只看到自己想要到达的未来，却忽略了当下的脚步，没办法踏踏实实地走好自己的每一步，更想寻找一种能够一步登天的方法，可是，这种方法，我至今没有找到，我觉得所能做的，就是走好当下，才能有更好的未来。

[4]

我在做这个公众号平台的过程中，遇到很多也在做平台的伙伴，而且他们做得非常好，我看到很多的"90后"已经出了属于自己的书籍，他们的粉丝有些已经好几万了。

以前的我，或许会很羡慕他们，然后问他们要怎么样才能更快地出一本书，怎么样才能够快速地增加粉丝，怎样才能更快地成功，或许会觉得他们运气很好，不用怎么努力就能成功。

但是，现在的我，跟他们做着一样的事情，我深深地感受到每天输出高质量文章所需要付出的努力。当别人节假日出去旅游，当别人下班之后舒舒服服地躺在家里看电视的时候，当别人早就进入梦乡的时候，正是我们这群人的另一份工作的开始。

我每天在作者群里面，看着有些作者6点就起床，看书写文章；有些作者写文章到深夜两三点才入睡；而有些人，已经坚持写了好几年。

当我没有进入这个圈子的时候，我并不知道这些人究竟要付出多少的努力才能够成功。

我们总是看到别人成功的光环，却忽略了背后的努力。一个人的成功，就犹如熔岩，在地下奔腾积累多时，一朝爆发，于是无可匹敌。而我们往往只看到别人走到山顶，在地上挖了个洞，火山就爆发了。我们能不焦虑吗？

而只有他们自己才知道，需要付出多少努力。

世界上最可怕的两个词，一个叫执着，一个叫认真。认真的人能够改变自己，执着的人能够改变命运。

没有一种成功是轻而易举的，只有自己真真实实地努力过，才知道其中的滋味。

你只是看到别人的成功，却看不到他们背后的努力。他们也是一点点积累，一点点进步，才能够有今天的成绩的。你这么年轻，其实不用太焦虑，认认真真做好自己当前的事情，好好地积累，相信你也可以渐渐进步，遇见更好的自己。

成功需要
一步一个脚印

太快了，一点准备都没有，你突然就30多岁了！

跟同龄人相比，你除了长得有点着急，其他方面都被甩在了后面。

你从小就暗恋的女神，几年前也嫁人了，当然，新郎肯定不是你。最后一次见面，女神对你说："你是个好人，你会找到比我更好的。"说完坐上奔驰走了。那天，你骑"二八"离开的时候哭得很伤心。

有人说，30岁之前还没成功，以后基本也就没啥机会了。因为30岁以后的人青春不再、激情消失，慢慢就会开始走下坡路。

于是，你开始怀疑人生，你觉得这辈子完了。

可是，我想对你说：兄弟，你的好时候才刚刚开始。

选择确实少了，但未必是坏事。

30多岁，你有了家庭，有了老婆孩子，很多以前能做的事，现在不能做了，你比年轻的时候少了很多机会。

那又能怎么样呢？选择少了，反而可以让你更专注。

如果从一开始就全身心地投入做一件事，现在你得牛成啥样？

这些年，别的不敢说，失败的经验，你肯定积累了很多。

失败的经验有用吗？

用处大了。它能让你冷静地看清楚前方，帮你做到精力集中，心无旁骛。懂得应该对什么事情说不，对什么事情说是。

相信我，你要沉住气。

只要你肯努力，别人有的，你也可以有。

成功学的书上说事在人为，努力就一定会成功，这句话说的还是挺有道理的，但也不全对。

很多时候光努力是不够的，有时候还真的需要那么一点点运气。

但这不能作为不努力的理由。尽人事，听天命，注意顺序哦，尽人事是第一位的。如果你有感兴趣的知识，爱好的事情，那就去学、去做，别考虑以后用不用得上。事实证明，你以前付出的努力，都不会白费，总有一天会派上用场！

别轻易相信别人的话。

小马过河的故事听过吧？不能指望靠别人的经验过河。

自己擅长什么，不擅长什么，到了30岁以后应该有自己的思考了。

别人的经验，对你来说很可能一点用都没有。什么意思呢？就是人生没有捷径，该走的弯路，你是绕不过去的。

成功并不等于多赚钱。

有些人很有钱，但他们真的没你过得幸福，我见过太多这样的人。我一个朋友在深圳发了财，在深圳有好几套房子，现在已经移民了，但是他一点都不快乐，整天都怀疑媳妇和小舅子算计他，那可是他从小青梅竹马的媳妇啊，你说他还能相信谁？他现在做什么事都不开心，整天睡不着觉，每顿不吃饭，只喝酒。钱太多了，心静不下来。

你羡慕的生活，也许并没你想象中那么好。你羡慕，是因为你没有见到隐藏在风光背后的无奈。

平淡的幸福也是一种人生的成功。

如果你30岁了还没找到自己的位置，还在迷茫，那么忙起来。机会是干出来的，不是想出来的。

　　光有好点子是不够的，去做才是重要的。不怕方向走错，就怕原地不动。别想了，想30多年都没想出什么结果，看来，你得行动了。

为你的成功
找对方法

陈土坤像很多创业人一样，怀揣着改变命运的梦想，六七年间做过多种生意。可是，创业并没有给他带来梦想中的成功。

2010年3月，卖过服装、做过餐饮的陈土坤决定卖手机。他分析，自己以前创业的项目都是市场已经饱和的行业，而通信行业，多年来一直处于上升期，未来仍有很大的上升空间。卖通信产品，应该会有希望！

不久，他的手机店开张了，却依然收入微薄。他这才意识到，在手机店这么多的情况下，以他的店面规模和资金实力，很难赢得竞争。他时常要以三寸不烂之舌来反复证明自己的诚信，才能成交一笔生意。

关张后，陈土坤痛定思痛，反复思考自己的创业之路，他认为，要想有发展、有突破，就要选择一种竞争少、利润高、风险低的生意！

但这样的生意存在吗？有时候，成功真的不能缺少运气。

2011年5月，陈土坤看到了阿迪普"数码饰品连锁"。顾名思义，就是专做数码产品的外部饰品的连锁店。

为慎重起见，陈土坤专程到"数码饰品连锁"的运营商——广州普亚电子总部去拜访，待摸清实情后他当即决定加盟。

阿迪普"数码饰品连锁"所涵盖的产品，除了屏幕保护贴外，还包括时尚的手机外壳、极具创意的充电器、新颖的蓄电宝等。但真正让陈土坤决定加盟的，是阿迪普所采用的"1＋2模式"：1个阿迪普加盟店＋1个线上店面＋1

个多赢卡销售网点代理权。加盟阿迪普，加盟者立刻同时拥有线上、线下两个店和1项代理权。

作为一个做过多年生意的人，陈土坤懂得"卖电脑的不如卖电脑耗材的，卖手机的不如卖手机配件、手机耗材"的道理。卖数码饰品投资小，十来万元就可以做得像模像样，而只要卖好了，利润空间很大。

陈土坤的好运真的开始了。他的店铺就进入了盈利状态。特别是随着中秋节、圣诞节、元旦等一系列节日的到来，手机、数码相机等电子产品销售火爆，也带动了品牌数码饰品的销量暴增。数码饰品的高利润，让陈土坤笑逐颜开。

在谈到当前的小成功时，他说："以前因为资金有限，我做的都是最常见的生意，别人做，我也做，抱着侥幸的心理期待成功，却不想根本竞争不过别人。之后，才觉悟做生意不能瞎碰、乱闯，找对方向才是真正拥有了一把打开财富之门的钥匙。"

成功不属于那种
连想都不敢想的人

[1]

我家邻居大哥，30岁出头，可体重严重超标。

每次别人让他减肥，他都说不可能。因为基因遗传。他认为自己是那种喝水都要长肉的。

前几个月，他无故晕倒了，到了医院检查才发现，他有严重的高血压。医生嘱咐他，一定要减肥，必须控制体重，否则，后果不堪设想。

这下可把这位大哥吓住了，从出院那天起，他就决心要减肥，然后制订了减肥计划，每天控制饮食，强制自己早晚跑步，每天走1万步以上。刚开始的时候，确实是艰难的。

可后来，他坚持了5个月，发现自己瘦下来了，身体更健康了。

再来看看他当初斩钉截铁地说"不可能"，怎么就变成了可能？无论做任何事情，你连想都不敢想，又怎么肯下定决心做呢，既不敢想也不敢做，又怎么可能有机会实现呢？

[2]

我身边有两位朋友都自称是摄影爱好者，两者对待摄影的态度却是截然相反的。其中一位却从来没有看到她为了这个爱好做过任何努力。

她的理由就是没专业摄影设备。可我明明记得她有台相机。她说，一个专业的摄影师，单是摄影的镜头和器材便宜点都要好几万。这些东西不配齐，是不可能照出好的照片。于是她的爱好就这样一直被扼杀在了这个"不可能"的想法里。

可另外一个朋友，她连一台相机都没有，就靠手机，每天大量拍照，捕捉灵感，跟第一个朋友比起来条件真是差远了。可她总是相信即便这样，她也有可能成功。

因为成为一个好的摄影师，除了硬性设备还需要自身的软能力。比如，具备相当的摄影知识，具有敏锐的观察力；要有一定的美术功底，向往一切美好事物，等等。

空闲的时候，她总是随手翻翻买来的摄影书，也总是在不断研究，每天用手机拍照片，力求做到在没有专业相机的前提下，拍出最好的照片。

今年年初，第二个朋友在一次摄影比赛中，意外地被伯乐发现，伯乐说：你跟专业人才就只是差一台专业的相机而已，于是准备无偿提供她设备，帮助她成为摄影工作室的实习摄影师。

如果你一直不敢去想，你真正想要的东西怎么可能不请自来呢。

很多人总是说要做成某件事，需要什么条件，缺乏什么条件，可是没有这些条件，你可以去创造条件，如果直线走不通，你可以绕着弯走啊，条条大路通罗马。可你连想都不敢想罗马在哪里，那你一辈子也去不了罗马。

[3]

我有一个朋友，很喜欢隔壁办公室的女生。在他还没引起这个女孩的注意时，他就想着要跟她怎么谈恋爱，然后多久结婚，多久生小孩，甚至多久生二孩。

当时我们还在嘲笑他，异想天开，而且有些癞蛤蟆想吃天鹅肉了。那个女孩据说人长得漂亮，家庭条件也不错，别人肯定是要找一个白马王子，怎么可能跟朋友这样的既没背景只有背影的普通男孩子恋爱呢。

可朋友说让我们等着瞧，他一定可以做到。自从有了这样的想法和信念，他开始设定目标如何俘获这个女孩子的芳心，从刚开始的无微不至的关心，雨天送伞，阴天送暖。再到每天给女孩子打电话嘘寒问暖，陪她在深夜聊天，陪她在图书馆看书。最后他知道她特别喜欢画画，于是经常约她周末到郊外写生。刚开始的时候，那个女孩是拒绝的，可朋友不放弃，一直坚持，终于软磨硬泡了两年，彻底收获了姑娘的芳心。

那女孩属于那种，面包我有，只想要爱情的女子。很多人当初以为她一定要找个高富帅，谁知她就中意一个能时常陪着她，宠爱她的贴心暖男呢。

当得知了这个好消息，我笑称，朋友是碰到了"狗屎运"。刚好遇到一个就吃他这套的姑娘。可朋友说，你都不敢想，当然这样的机会一辈子也得不到。

这句话瞬间让我豁然开朗。是啊，生活里很多事情，我们总想着不可能，当看着别人实现时，总是一副满不服气的样子，以为别人只是碰巧有了好运气。但你都不敢想，好运气怎么来碰你呢，你都不敢去想，你的女神怎么知道你喜欢她呢，你都不敢去想，你的梦想又怎么会不请自来呢？

有人说，成功的第一步就是马上行动。可是行动的第一步应该是敢想，只有敢想，你才有勇气、有信心去跨出这一步啊！

[4]

叶莺曾说：我从来都不是一无所有，我还有我人生最大的财富，那就是一颗不死的心，永远都不死的心。永远去想象可能的事情，永远去相信自己能有实现"可能"的能力。

我们为什么总是想着不可能?

其中很大的原因，第一是不相信自己能够做到，缺乏自信。第二，不愿意面对失败的结果。第三，害怕别人不认同。

特蕾莎修女说：上帝不是要你成功，他只是要你尝试。

很多人认定的不可能的事，其实都不是胡编乱造，绝无可能的，因为大多数认定的"不可能的事"根本就没达到"异想天开"的水平，他们甚至对于自己能做到的事，也不敢想象。

想法是行动的最佳驱动力。它能给你的目标提供有力的思维支撑点。

你只有敢想，才会竭尽全力为此而努力，想法是一个人能否成功的关键因素。当然你敢做，成功不一定会来，但至少有希望。也许你会失败，但成功绝不会属于那种连想都害怕想、不敢想的人。

为你的成功
定制专属清单

　　人生总在迷惑之中。你越是认真工作，这样的迷惑或许就越深。你有时突然会疑惑："我为什么要这么做？""究竟为什么要干这项差事？"

　　今天努力干吧，以今天一天的勤奋就能看清明天。这个月努力干吧，以这一个月的勤奋就一定能看清下个月。今年努力干吧，以今年一年的勤奋就能看清明年。

　　就这样，会过得非常充实，就像跨过一座一座小山。小小的成就连绵不断地积累、无限地持续，这样，乍看宏大高远的目标就一定能实现。这个方法就是取胜之道。

　　稻盛和夫是世界著名的实业家，他在27岁创办了京都陶瓷株式会社（现名京瓷），52岁时又创办第二电信（目前是在日本仅次于NTT的第二大通讯公司），这两家公司又都在他的有生之年进入世界500强，且皆以惊人的速度成长。不过稻盛和夫说他也有拼命工作但怀疑工作意义的时刻，看看他如何找到答案：

　　人生总在迷惑之中。你越是认真工作，这样的迷惑或许就越深。你有时突然会疑惑："我为什么要这么做？""究竟为什么要干这项差事？"

　　越是认真、拼命工作的人，就越会思索劳动的意义，思考工作的目的。他们为这些问题烦恼，并常常陷入找不到答案的迷途之中。

　　我过去也曾经是这样。

在我工作的第一家公司，我反复进行着各种实验，有失败也有成功。当时在无机化学的研究者中，同我年龄相仿的，有人拿到了奖学金赴美留学；有人在优秀的大企业里，使用最尖端的设备进行最先进的实验；而我在一个如此破旧、衰败的企业里，连最起码的设备都没有，日复一日地做着混合原料粉末这样简单的工作。

"一直从事如此单调的工作，究竟能搞出什么科研成果来？"我问自己。再进一步地："自己的人生将会怎样呢？"想到这些，我不禁心灰意冷，一度过得很消极。

[每天比昨天进步一点，哪怕只一厘米]

解除这样的迷惑，一般人的方法是和自己说：要预见将来。就是说，不要将目光仅仅放在当下，而要从长远角度规划自己的人生蓝图；要把眼前的工作看作这长期规划中的一段过程。

这也许是合乎逻辑的方法。然而，我采用的方法与此相反——我采用短期的观点来摆正自己对工作的态度。

"将来会搞出什么样的研究成果""自己的人生将会怎样"，我不再痴迷于这些，而只是留神眼下的事情。就是说，我发誓，今天的目标今天一定要完成。工作的成绩和进度以一天为单位区分，然后切实完成。

在今天，最低限度是必须向前跨进一步，今天比昨天，哪怕只是一厘米，也要向前推进。我就是这样思考问题的。

同时，不单单是前进一步，而且要反省今天的工作，以便明天"要做一点改良""要找一点窍门"。在前进一步时，一定同时是在改善、改进。

奔着每一天的目标去，让每一天都有所创新，就会天天前进，天天获得积累。为达到目标，不管外面刮风也好、下雨也好，不管碰到多大的困难，我都全神贯注，全力以赴。先是坚持1个月，再坚持1年，然后是5年、10年，锲而不舍。这样做下去，你就能踏入当初根本无法想象的境地。

将今天作为"生活的单位"，天天精神抖擞，日复一日，拼命工作，用这种踏实的步伐，就能走上人生的王道。

[取胜之道：全力过好"今天"这一天]

持续过好内容充实的"今天"，我在经营公司的时候就一直坚持这一点。

公司创建至今，我们从来不建立长期的经营计划。新闻记者们采访我的时候，经常提出想听一听我们的中长期经营计划。当我回答"我们从不设立长期的经营计划"时，他们总觉得不可思议，露出疑惑的神情。

那么，我们为什么不建立长期计划呢？因为说自己能够预见久远的将来，这种话有时会成为"谎言"。

"多少年后销售额要达到多少，人员增加到多少，设备投资如何如何"……不管你怎样着力地描绘，但事实上，超出预想的环境变化、意料之外事态的发生都很可能会出现。这时就不得不改变计划，或将计划数字向下调整。有时甚至要无奈地放弃整个计划。

这样的计划变更如果频繁发生，不管你建立什么计划，员工们都会认为，"反正计划中途就得变更"，他们就会轻视计划，不把它当回事。结果就会降低员工的士气和工作热情。

同时，目标越是远大，为达此目的，就越需要持续付出不寻常的努力。但是，如果努力，仍然离终点很远，人们就难免泄气。"目标虽然没达成，能这样也就可以了，差不多就算了吧！"人们常常在中途泄气了。

从心理学的角度看，如果达到目标的过程太长，也就是说，设置的目标过于远大，往往会半途而废。

做年度计划，就要细化到每个月甚至每一天的具体目标，然后千方百计努力达成。

今天努力干吧，以今天的勤奋就一定能看清明天。这个月努力干吧，以这一个月的勤奋就一定能看清下个月。今年一年努力干吧，以今年一年的勤奋就一定能看清明年。

[别以现在的能力，限制你对未来的想象]

在建立目标时，要设定"超过自己能力之上"的指标。这是我的主张。

要设定现在自己"不能胜任"的有难度的目标，"我要在未来某个时点实现这个目标"，要下这样的决心。然后，想方设法提高自己的能力，以便在"未来这个时点"实现既定的目标。

如果只用自己现有的能力来判断决定"能做"还是"不能做"，那么，就不可能挑战新事业，或者实现更高的目标。"现在做不到的事，今后无论如何也要达成。"如果缺乏这种强烈的愿望，就无法开拓新领域，无法达成高目标。

我用"能力要用将来进行时"这句话来表达这一观点。这句话意味着"人具备无限的可能性"。也就是说：人的能力有无限伸展的可能。坚信这一点，面向未来，描绘自己人生的理想。

这就是我想表达的意思。

但是，很多人在自己的工作和生活中，很轻率地下结论说："我不行，做不到。"这是因为他们仅以自己现有的能力判断自己"行"还是"不行"。

这就错了。因为人的能力，在未来，会提高，会进步。

事实上，大家今天在做的工作，在几年前来看，你也会想："我不会做，我做不好，无法胜任。"可是到了今天，你不是也觉得这个工作挺简单的？因为你已经驾轻就熟了。

"因为我没有学过，没有知识，没有技术，所以我不行。"说这话可不行，应该这样思考：

因为我没有学过，所以我没有知识，没有技术。但是，我有干劲、有信心，所以明年一定能行。而且就从这一瞬间开始，努力学习，获取知识，掌握技术。将来密藏在我身上的能力一定能开花结果。我的能力一定能增长。

对人生抱着消极态度，认为自己的人生就将以碌碌无为而告终，这么思考的年轻人并不多。但是，一旦面临困难的问题时，几乎所有的人都会脱口而出说自己"不行"。

绝对不要说"自己不行"这种话。面对难题，首先要做的就是相信自己。

"现在也许不行，但只要努力一定能行。"首先相信自己，然后必须对"自己解决问题的能力怎样才能提高"进行具体深入的思考。只有这样，通向光明未来的大门才会打开。

["无意识"地生活不过是
因为你没有目标]

　　每天的日常工作使我们的大脑忙忙碌碌，总有下一个假期或聚会要期盼。然后某一个星期天的午后，当我们懒懒洋洋地靠在床上，一个念头突然出现：我的人生目标是什么？对有些人，当他们陷于无意义的工作或无出路的生活境遇中时这个问题就会出现。

　　这里有几条建议也许可以帮到你。

[检查一下你是否已经有一个目标]

　　如果你认为现在的生活毫无目的，那么只要再看一下。在整个生命长河中没有什么目标是太小或太大的。

　　可能你正在维持一家生计或养育孩子，这是相当重要的目标。如果你觉得目前生活毫无意义，这只表示你没有真正地重视你目前的角色。

[你内心真正的呼唤不需要高大宏伟]

　　有些人名声显赫，而有些人过着默默无闻的生活，这两者之间没有什么实质的差别，每个人都在完成一个特定的角色，没有一个角色比另一个更重要。

　　你与生俱来的天分可能正好可以确定你的人生目标。令人惊讶的是有多少人具有令人难以置信的天分却终其一生没有将其转换成事业或服务。如果你有天分，那是生命赐予你的礼物。努力找到可能的最佳方法把你的天分转换成可为人们提供服务的东西。

[听从你的心而不是脑]

心和脑只是比喻。心表示你的直觉而脑来自你的条件作用模式。聆听你内心深处的声音，看心底是否有深埋的渴望正在苏醒，可能一直以来你忽视了这种渴望。

你的脑可能会找到几个借口，告诉你你的心所想要的是不切实际的，但那恰是你的条件作用在说话。你心的声音指出你内心深处的向往。

[写篇短文详细描述你想过什么类型的生活]

写下你的想法可以使你获得更多想法。每天有很多想法匆匆穿行于大脑，你却很难把所有的都弄懂。当你坐下来写的时候，那些想法变得更有条理了。无须太多忙乱，只要开始键入或写下你真正想过的是什么类型的生活。只是自由地写，你可能要写上几分钟才能真正地进入最佳状态。

写上几个小时是有帮助的。

你一定要努力，但要有正确的方向

有读者留言："我已经大学毕业四年了，但是始终没有找到人生方向。"

其实，我和其他人一样，也都经历着人生的起落、迷茫、失望、努力……

作为凡夫俗子的我们，谁都无法躲避，无法逃脱，无法隐藏。

一切问题都有解决方法，只要我们认识清楚、想明白。

没有谁可以挡住一颗追求进步的心，因为我们知道：有志者，事竟成。

尝试去了解你自己：

我们之所以有迷茫的感觉，是因为，我们不了解我们是谁，不知道方向在哪里，更不知道又将去向何方。

深入了解自己包括很多，例如：

你的优势、特长、能力表现有哪些？

你的得心应手的事情是什么？

你最想成就什么事业、想成为什么样的人？

你最大的人生愿望是什么，准备怎么实现？

你受过的最大的人生挫折是什么，你又是怎么跨过这个坎的？

在你的经历当中，什么事情是你最为感动的？

哪些事情别人对你做了，你很伤心，却无能为力？

……

如何发现自身的优势，提供7点建议：

1. 什么事情你最愿意为之付出，且毫无怨言。

你任劳任怨就是优势之一。

你的所有优势只要发挥到极致，成为别人无法替代的，便可以取得重要的位置。

比如：快递运输行业在民营行业正式驻足之前，一直是中国邮政最大，但民营企业进入以后，顺丰快递迅速崛起，占据了半壁江山。

那么，针对快递运输业务而言，"四通一达"和顺丰就是个例子。

这就是二八原则的定律。

再比如：以凉茶出名的加多宝，在整个凉茶行业占据着不可动摇的地位，尽管某个品牌仍旧在和他抢品牌，但，其优势无可替代。

……

如果你善于记忆，你就尝试记忆东西，那么你就赢了，至少在这个领域，你是有一定优势的。

你愿意付出自己的辛勤努力，就说明你在改变。

2. 让你有坚强的毅力，并促使你不断前进。

你能够为了一件事坚持不懈吗?

假设你喜欢写作，并为之付出了不断的努力，坚持了比别人更长的时间，那么你的第二个优势就出现了。

冯仑有句话是这样说的："伟大都是熬出来的。"说的正是这个意思。

我们身边也不乏这样的例子：

李宁原是一位普通的体操运动员。但他始终坚持每天训练10多个小时，每次训练一定要突破一个动作难度，不然决不让自己轻易地离开训练场馆。

他终于成功了，在洛杉矶奥运会上，一人独得3枚金牌。

北宋著名的思想家、政治家、军事家、文学家范仲淹从小丧父。

尽管这样，他仍旧艰苦读书，不放过任何一个学习的机会，最终成为有名的人。

如果有任何一件事，你愿意为之长时间坚持，并不懈努力，不畏惧任何阻力，从不打退堂鼓。那么，我想说：恭喜你。你终于战胜了自己，这种优势无可取代。

3. 对任何一件事的疯狂热爱。

我们经常会听人说，兴趣是最好的老师。

你对任何事情的热爱都是你的兴趣点，最终取得重大成就的人很多是从一个小小的爱好开始的。

陆游在小的时候因为喜欢读书，他的桌子上、房间里、柜子里、床头上放满了各种书籍。

他喜欢阅读也喜欢写作，这就是他的爱好。

最终，陆游留给我们将近万首诗歌，成了响当当的文学家。

齐白石老先生，在他90岁生日的时候，很晚才送客，忽然想起自己还有画作没有完成，于是拿起画笔继续作画，终于没有坚持住疲惫的身躯，在家人的劝导下去休息了，次日一早醒来，接着作画，为了身体，家人纷纷劝他休息，他的回答是这样的："昨天客人在，画作没完成，今天继续。"

他又去作画了。

对于任何一件事情的痴迷，都是你前进的方向，没有任何人可以挡住你。

4. 能够发挥你潜力的事情，值得尽全力去做。

例如你喜欢文字创作，比如，广告文案。

对于同样一个客户，一个创意人员可能尽力写了一套方案。

但是，你愿意为此继续深入挖掘，无论从整体的框架结构，还是构思方案，都愿意花费更多的时间和心血，那么你的方案很可能更吸引人。

爱迪生一度不得不放弃自己的学业。

他的妈妈并没有放弃他，而是费尽心思找老师帮助开发爱迪生的潜能。

5. 你可以发现世界的美好，并善于观察。

让你的思维变得发光的事情，就是有价值的。

罗丹曾说："生活中，并不是缺少美，而是我们缺少发现美的眼睛。"

一个善于观察的人，是一个善于思考的人。

我们生活在互联网时代，我们身边有很多不同的机会，你如果能发现这背后隐藏的秘密，一定可以成就一番事业。

微信的创始人张小龙，如果没有眼光，那么，就没有微信的今天。

京东这几年的发展十分迅速。

倘若，刘强东在创业之前，没有敏锐的市场嗅觉和深入的观察能力的话，京东不会是现在这个样子。

敏锐的嗅觉和超强的观察能力是一个人的财富。

要学会发现。

6. 将一件事情发挥到极致。

成功要将别人不愿意做的事情做到极致。

如果你在烹饪方面有很大的优势的话，那么，就可以尝试着让自己多接触这方面的内容。

史蒂夫·乔布斯，在很多人的眼里是一个非常偏执的人，这可能和他的经历有关系，但是，无可置疑的是，他的"苹果"影响了全世界。

钢琴家郎朗在上小学的时候，被妈妈逼着苦练钢琴，多次都想放弃，可喜的是，他没有这么做，最终，他走上了国际舞台，为华人争得了无数的荣誉。

当你在一件事情上，得到了别人的赞赏或者支持，那么毫无疑问，你的优势已经愈发明显。

剩下的事情，坚持做就是了。

7.合理规避自己的缺点，成倍地放大优点。

发挥特长，占据优势。

木桶定律是讲一只水桶能装多少水取决于它最短的那块木板。一只木桶想盛满水，必须每块木板都一样平齐且无破损，如果这只桶的木板中有一块短或者某块木板下面有破洞，这只桶就无法盛满水。

你的劣势，决定了你的高度。

我们每个人都有自己的优势。

如果你的书画比诗好，那就把更多的时间放在书画上，并极力把它发挥出来，给别人发现你创造机会。

这里这么做的目的并不是说要完全抛弃自己其他的爱好。把才能最大化，才能更好地发挥自己的优势，否则可能会顾此失彼、得不偿失。

将自己的优势最大化，合理规避自身缺点。

任何人，只有了解了自己，才能发挥自己的潜力，走得更远。

自我了解小贴士：

列举优、缺点，逐一排查：

说出你做过的最满意的事情；心理学测试（寻求专业指导，而非简单测试）；你反应最灵敏的事；你学的最快的事；最大的渴望是什么；你最想成为的人是什么类型的（用文字表述出来，给偶像画像）……

以上，所有留下的，一定把握好，这就是你需要发挥的！

每一个生命都是蕴含着无法估量的意义和价值，我们生来便是人生的胜利者，所以必须勇敢向前。

如果你还没有真的发现自己，就尝试做一件有意义的事情，持续做下去，仅仅是认为它有意义就足够了。比如：写字。

你甚至可以像记流水账一样，尝试每天记录当天的自己，并和过去的自己比较。

　　只有清楚地了解自己的想法，你才会拥有更加美好的未来。

　　你一定要努力，但要有正确的方向！

人生，需要有的放矢地走走停停

有人邀请我在"知乎"上回答一个问题，这个问题具有普遍意义，一个简单的回答不足以展开，因此我决定单独写一篇文章来彻底地分析、阐述它。

提问者是一名国际会计专业的大学生，她看到自己平时都在努力上课、认真地笔记、好好复习，平均成绩都在九十分以上。这些人虽然学习上没她认真，但胜在活得多姿多彩，学也学了，玩也玩了，有的参加了学生会，还考了雅思，马上就要出国了。所以提问者很困惑：她自己努力学习，却对未来出国和找工作都没有太大的帮助。为什么自己那么辛苦地泡在自习室，却不能得到更好的结果？

如果让我答，我只想引用雷军的一句话："永远不要试图用战术上的勤奋，去掩饰你战略上的懒惰。"

在这里，天天泡自习室可以先暂定为"战术上的勤奋"；泡了四年以后的结果却依旧缺乏明确的学习目标和动机，那就是战略上的懒惰。

我上本科的时候，周围的好学生很多。然而在这些尖子生当中，学习最好的从来都不是一天到晚泡自习室的人，而往往是那些把生活安排得多姿多彩的人——他们智商与情商皆高，往往懂得所谓努力并非流于"表面"。曾有过一个学期，我制订了学习计划，强迫自己每晚都去自习室学到熄灯前半小时，不过我很快就发现，这种泡自习室背笔记所带来的收获，远没有在图书馆里大量阅读带来得多，我就放弃了。

回到之前那个提问者，她每天除了上课，就是去自习室，一直到熄灯才回宿舍，第二天一睁眼又去自习。

你如果问她："你这么努力学习是为了什么？"

她会回答是为了考试有个好成绩。

是为了能顺利保研。

保研后又怎样呢？

保研后读研究生，就可以有个高一点的学历，然后再有个好成绩，今后找一份好工作。

可是，如果好好学习的最终目的是为了找到一份好工作，那么为什么不一开始就向着"找好工作"而努力呢？

如果在大一的时候，就定下阶段目标为"找到好工作"，那么显然她努力的路径就不应该单单是学习那么简单，还应该配合参与学生活动、参与社会实践、寻找实习的机会、学习如何制作修饰简历、补充课堂上学不到的工作技能……

在二十年前，可以说"我没有学习的条件啊"，可在这样一个信息流动速度极快、提倡知识资源共享的社会，一个真正用心努力的人，是绝不会被当前所处的条件禁锢的。

就拿学英语这件事儿来说，我们身边有许多工作以后坚持学习英语的人，这需要很大的决心，需要很大的毅力，能坚持下来确实很不容易。

我曾经有个前台同事，每天都利用工作之余坚持背单词，背单词的软件会有打卡功能，我每天都能看到她在朋友圈内的分享：今天十个、明天十个，后天是周末，也有十个……从不间断。有次她问我："怎么才能在短时间内快速提高英文水平？"

我反问她："你为什么要在短时间内快速提高英文水平呢？"

[成功，需要目标和方法]

她回答，因为公司经常有其他国家的人到访，公司内部还有很多美国高管，他们和前台的沟通虽然都是最基本的，但她希望在这些基本交流中能做得更好。

我说："我有一个好方法给你，你没有一个全英文的语言环境，不如给自己报一个近期的考试，考试的压力会逼迫你在听、说、读、写四个方面齐头并进。"

妹子说："可是我觉得以自己现在的水平根本考不出好成绩。"

我说："你的目标不是为了考试成绩，而是给自己一些压力，并循着一些有据可依的轨道进行某种系统的学习和提升。它虽然不是唯一的提高英语水平的途径，但确实是短期内最有效的方法。"

妹子说："可是我觉得压力好大，让我再想想。"

回去再想想以后，这个提议就被搁置了。她仍然回去老老实实地背单词，今天十个，明天十个，后天十个……一年坚持下来，非常不易，单词量涨了，却依然不能和外国同事很好地交流。

类似的例子每天都在我们身边发生着，这些例子带给我们的启示是：

1. 如果不在开始努力之前就设定一个目标，你的努力就很容易陷入"我这么努力有什么用"的自怨自艾中。

2. 如果你的努力不和结果挂钩，那么你就只能沉浸在"我已经很努力了"的幻想当中，并错把受苦的体验当成努力的过程。

3. 比不努力更可怕的，是你自以为"已经很努力了"，却"没有任何实质的进展"，导致你反过头来质疑"应不应该努力"这件事，甚至把问题引向了拷问社会的公平性问题。

努力的幻象对已经进入社会的人而言，远比还处于校园中的学生们要多得多。而努力的幻象，会长时间地消磨我们的时间、精力，以换取少得可怜的结果。

所以，在努力之前，每个人都应该先问问自己：

"我努力的目标是什么？我现在所付出的努力和我的目标有因果关系吗？为了达成这个目标，真的需要我埋头学习八小时吗？这八小时里我已经全力以赴了吗？"

人生不应该是充满痛苦疲劳的拉锯战，而应该是有的放矢地走走停停。

［跨过人生拦路虎，前方就是成功］

"给我一片蓝天，一轮初升的太阳；给我一片绿草，绵延向远方；给我一只雄鹰，一个威武的汉子；给我一个套马杆，攥在他手上……"当《套马杆》这首耳熟能详的草原歌曲唱响在2014年央视春晚舞台上时，人们自然会想起46岁的"草根"词作者刘新圈。

出生于河南平顶山农村的刘新圈，由于家乡闹灾荒，初中没毕业就辍学回家了。穷人家的孩子闲不住，在家里没待上半个月，老爸为他联系上了外出打工的事。临出门时，他的包里带有3样东西，纸和笔，还有一本撕了封面的破得不成样的《三国演义》。工友们笑他："你不像个打工的，倒像个蹭课的！"

纸用完了，只要见地上有没有字的纸，他就捡起来。一本破烂的《三国演义》看了一遍又一遍，实在没书看了，他就捡起别人垫屁股的书将就看。白天打工，晚上回到出租屋，要是停电了，他就窝在煤油灯下翻来覆去地看，鼻孔被煤油灯熏得黑黑的。诗歌、散文、小说，刘新圈尝试着写，欣喜的是有的变成了铅字，但更多的是石沉大海。22岁时，刘新圈和几位初出茅庐的诗人，被湖北一家出版社看中，承诺出一本《桃花汛》的诗集。本以为可以靠稿费养家了，但一个月后，他接到通知赶到邮局，却发现等待他的只有一麻袋卖不出去的诗集。

在现实面前，刘新圈意识到："写作已无法改变自己的生存状况！是坚持，还是放弃自己一直追求的文字呢？"这个时候，如果选择放弃，就意味着给自己的人生追求画上了句号。人生，只有顿号没有句号！创作上停滞不前，也许是自己没有找到一个好的突破口。就在刘新圈迷惘无助之时，一个知心文友建议道："你的文笔不错，写写歌词，练练手。"

写歌词，对音乐一窍不通的刘新圈来说，并非一件易事。写诗和创作歌词虽有相通之处，但差别很大。一度酷爱诗歌的他，刚练习时，常把歌词写成了诗歌，好在网友们不断矫正，慢慢地才摸出了一点写歌词的门道。

2007年，在摸黑中走了7年的刘新圈，终于写出了第一首像样的歌词《你是土豆我是地瓜》，并卖了500元稿费。随后，第二首歌词《仰望天山》卖了2000元。慢慢地，开始有唱片公司关注他，网友们也戏称他是匹"词坛黑马"。这点成绩还不足以骄傲，刘新圈要从生活的历练中写出歌词的厚度，而不仅仅是为了发表，为了挣几个稿费。很快，他捕捉到了当时人们生活中存在的一个普遍现象，身在职场，竞争压力大，无论是身边的人，还是自己，生活都很艰难，精神上也很压抑，都想拥有一颗向往回归自然，过上自由、美好生活的心。"如果能写成一首草原歌词，辽阔的草原，空旷的旋律，一定会驱散每一个人疲惫而又压抑的心境。"这种想法一旦在心头闪现，刘新圈就有点把持不住了，虽然没去过草原，但这种情感上的长期积累，一旦找到了一个可以表达的点，就如一泻而下的瀑布，1个小时，歌词《套马杆》就呈现在了眼前。

《套马杆》被蒙古族歌手唱片公司收录入专辑《我要去西藏》，2009这张专辑获得《南方都市报》主办的"最佳唱片榜年度颁奖礼"的最佳唱片奖，《套马杆》也随之迅速走红。

为了自己的创作经久不衰，刘新圈每年外出采风20余次。一个冬天，刘新圈来到了呼伦贝尔的根河。在一个小村里，他发现，这里的年轻人大多都外出务工，只有老人在家留守。在这零下40℃的高寒地区的小村庄，老人们一谈及在外打工的孩子都默默地流泪。这场景触及到了刘新圈内心的过往，当晚一气呵成地写出了歌词《呼伦贝尔的冬天》。2010年，《呼伦贝尔的冬天》被改编成大型歌舞登上了内蒙古春节联欢晚会的舞台，还被网友们封为"广场舞神曲"。此后，凤凰传奇的《天籁传奇》、腾格尔的《万马奔腾》、何静的《天边的格桑花》……都出自刘新圈的手，至今他已创作300多首歌词，并被推选为河北音乐协会副主席。

由一个草根蜕变为一匹词坛黑马，刘新圈的人生充满了传奇。他的经历再一次告诉人们：所有的困难都是暂时的，就像句子中的顿号，只是停一停，顿一顿，顶多也是一只稍事休息的拦路虎。藐视它，跨过去，成功就在不远处。

哪个成功者的脚下
没有一块一块垒起的砖石

　　如果你是农村的，小时候看过露天电影，一定深有感触，因为去的晚了，没有占据有利位置，又没有带着小凳子，就只好就近搬几块砖头垫在脚下，只有那样才能看到精彩的电影。其实人生何尝不是这样，只有学会不断为自己脚下垫砖，才能看到自己渴望的风景，摘到心中诱人的果实，不断丰富自己的人生，提高自己的人生价值。那么对于我们来说，什么才是那块能看到精彩电影的砖呢？

　　砖就是不辍的学习。在这个世界上大多数人只是平凡人，不管你生在城市，还是生在农村，前途都不会是一帆风顺的，如何改变自己的命运，学习应当说是最好的途径。你从一个牧羊的少年，通过不断的学习，考上了大学，成就了你的事业，也许你还会用你的学识，改变你的家乡。你或许是一名农民，整天抱怨老天的不公，但经过你的不断学习，掌握了种植、养殖技术，你成为人人羡慕的致富能手。你或许只是一名技术工人，通过你的刻苦学习，你就会成为蓝领中的骄傲。

　　砖就是生活、工作中的一件件小事。很多人都抱怨工作的琐碎，认为只有做大事，才能体现自己人生的价值。其实，生命的辉煌更多的是由这些平凡的小事，琐碎的工作铸就的。"多说一句，多看一眼，多帮一把，多走一步；话到、眼到、手到、腿到、情到、神到。"这是全国优秀售票员北京公交总公司员工李素丽同志对自己工作的要求。李素丽在平凡的岗位上，十年如一日，兢兢业业工作，看到有人晕车想吐，她就送上塑料袋；遇到不小心碰伤的乘客，她就递上"创可贴"。

　　砖是工作中的失误和失败。不要惧怕工作中的失误和失败，找出失误和失败的原因，在工作中不断克服失误和失败，失误和失败就会变成你脚下的砖，使你走向成功。如果没有几百上千次的失败，爱迪生不会从众多材料中找到钨丝而发明电灯；如果没有鲧一次次的治水失败，也就没有大禹治水的成功；如果没有九次竞选议员和总统的失败，也就没有后来成为被马克思称为"全世界的一位英雄"的美国第16届总统林肯……林林总总，不胜枚举，历史上和现实生活中众多的成功事例，无不是在总结无数次失败的教训之后，才享受到成功的喜悦。

　　砖就是医生手中那把救死扶伤的手术刀；砖就是记者手中那只激浊扬清的笔；砖就是军人手中那把保家卫国的钢枪；砖就是科学家手上不断创新的科研成果。总之，砖随处可见，就看我们自己，是不是为自己脚下不断垫上这块走向成功的砖。

成功，
需要行动和坚持

想成功，就得有冒险精神！
想成功，要能异想天开！
因为谁也不愿永远停留在
"原始的洪荒年代"！

想要成功，
只有努力是不行的

马尔科姆·格拉德威尔的《异类》一出，10000小时定律，就漂洋过海，来到中国，成为一种人人奉之的成功定律。

这个定律很简单，即坚持10000个小时，人人都能变成天才。

比如，达·芬奇、贝多芬、莫扎特、乔丹等世界级天才，都是经过了一万小时的苦练，方成人才。

我也相信过。

甚至给自己定过计划，每天投入5小时，一年至少投入300天，6.66年后，就有了近10000小时，那时候，不说成为世界级，国家级码字工，应该可以做到了吧？

然而想得美。

因为我慢慢发觉，这10000个小时，名堂大着呢。

比如一个白领，做着她不太喜欢的接电话工作。

每天拿起电话："喂，您好……再见！"

如此循环一万小时，她能成接电话方面的人才吗？

不爱，一切投注的劳力，都只是应付敷衍，只是苟且无奈。

不得已而为之的事情，对灵魂的滋养、技能的精进、经验的获取，用处不大。

那么，喜欢的事情做上10000小时，都会成天才吗？也不会。

[成功，需要行动和坚持]

举个例子，吃饭。

为什么？

没有专业技术含量。

零技术，零经验，零逻辑，零知识，零门槛。

一件事情的技术难度为零，在上面花时间，就是零回报。

反之，一种技术难度越高，在上面花时间，回报越大。

所以，如果在吃饭这件事上加上技术难度，在"好吃不好吃"之余，能系统而专业地研究食材、食谱、食系、食法、食物故事……就会成为厨师，或者美食家。

但有了兴趣和技术难度，还是不够的。

比如说，打网球。

网球喜欢吗？喜欢。

网球难吧？难。

但是，每周打4小时，一年52周，共打208小时，打上50年，$4 \times 52 \times 50 = 10400$小时，会成为天才吗？

不会。

为什么？

这只是业余爱好，而非刻意练习。

刻意练习，是佛罗里达心理学家安德斯·埃里克森提出的概念。

什么意思呢？

你要做到以下：

1. 只在学习区练习。

2. 注意力必须高度集中。

3. 大量重复训练，从不会到会。

4. 在整个练习过程中，随时能获得有效回馈。

真正的刻意练习，是非常令人不爽的。

比如，钢琴家练琴，篮球运动员训练，舞蹈家练功……都不是一件"弹着玩玩""打着玩玩""跳着玩玩"的事。

所有在业界获得卓越成就的人，不仅在时间上投入很多，而且在训练强度、专注度、有效度上，同样投入很大。

以今天的自媒体为例。

如果天天流水账式的文章，那么，写上十年，大概也不会有太多精进。

因为，这种训练强度太小了。

在我想偷懒的时候，会用半小时，写出一篇这种文章。

但对我个人训练有用吗？没用。

为什么没用呢？

因为，这种技能，是我的"舒适区"，而不是"学习区"，更不是"恐慌区"。

心理学家Noel Tichy曾提出，人的知识和技能，分为三个区域：

最内一层是舒适区。

是我们习以为常的知识，娴熟得近乎自动化的技能。

比如钢琴家弹《两只老虎》，篮球运动员运球，舞蹈家劈叉……

中间一层是学习区。

指目前尚未掌握，具有挑战性的知识与技能，它会令我们不适，但长期训练，依然可以掌握。

比如阅读一本感兴趣但有难度的书，写一篇专业度、精准度非常高的文章。

最外一层是恐慌区。

这里就是超出自己能力范围太多的事务或知识，心理感觉会严重不适，可能导致崩溃，以致放弃学习。

因此，待在舒适区做事，只是生活。

待在学习区做事，才是练习。

而在这种持续的挑战中，"学习区"会慢慢变为"舒适区"。

"舒适区"越变越大，一部分的"恐慌区"也会相应变成"学习区"，长此以往，你就会越来越厉害。

若穷尽一生，必然天下无敌。

那么，有了兴趣，有了技术难度，有了刻意练习，10000小时后，就能成功吗？

非也非也。

比如说，我喜欢写作，写作这种事也很难，我也一直待在学习区，每天挑战新知识与新写法。

但是，如果我一天到晚心不在焉，一心几用，疲乏不堪，那么，哪怕熬再多夜，废寝忘食，离《异类》里的佼佼者，还是摸不着边儿。

因为，成功还需要注意力高度集中。

一个一边听音乐，一边做事的人，其效果常远低于只做事的人；

一个读趣味性专业读物的人，其所思所得，也常远低于全身心阅读专业读物的人；

一个精力旺盛的练习者和一个精神不振的练习者，在同样的难度训练前，花了同样的时间，但效果，明显是前者胜出。

这也就是当前许多专家，呼吁我们不要熬夜的原因。

因为，当人的精力与注意力不集中时，工作是低效的。强行为之，只成姿态，效果不好。

很可能，他人在神清气爽时，学了1小时，所获得的成就，就远超了你10

小时的成果。

除了以上，若想成功，还要反复练习基本技能。

比如，舞蹈家会反复训练基本动作；

音乐家将一段一段乐曲反复练习；

而一个高水平的美式橄榄球运动员，只有1%的时间，用于队内比赛，其他都是进行各种相关的基础训练；

我很佩服的一个作家，每天晨起，依然朗读《唐诗三百首》，因为能带来基本的语言锤炼和美感鉴赏。

不积跬步，无以成千里。

一种技能反复，就会变成套路，变成习惯，长在脑子里。

修炼渐多，掌握的技能就会逐渐增多。

还要随时给自己反馈。

因为，基于自我提升效应，人常会高估自己。

比如说，经常性地，我在写完文章后，很有一种志得意满之感，但在旁人看来，这不过是非常普通的一篇文章。

文采与内容，都无甚出色之处。

如果不指出，强行矫正，我可能就会按此套路，继续写下去。

而在其他业界，同样如此。

在互联网时代，获取知识与修炼技能，都便捷起来。

但是，为什么我们还需要一个好的教练、优秀的老师？

一个好老师，能及时给你积极的回馈，指出问题，给予你针对性的具体指导。

最后，我想说的是，天赋也很重要。

因此，成功这种事情，关联的成分太多了。

它不是简单地照搬公式。

[什么才是
真正的努力]

昨天在微信看到一个广告同行发朋友圈：深夜加班中，感觉自己要昏过去了。

刚准备点赞，刷新了一下界面，一条新的朋友圈更新，是我的同事：加班就加班，有什么可唠叨的，说得好像谁没加过一样。

我没验证同事的这句话是否是在针对同行的话，但是，加班发个朋友圈，也无可厚非吧。

第二天，我把这件事说给一朋友听，朋友诧异地说：不对啊，你这个同行昨晚在三里屯的酒吧，和一群人在一起，我看到他了。

他拿起手机点开微信，发现这位同行昨晚的朋友圈他看不到。

原来是使用了分组功能。朋友感叹：这就真的是尴尬了。

明明是在酒吧喝酒，发了朋友圈说在加班，而且还选择了分组，发给了某些特定的用户，我作为他的同行，就是他的指定用户。

我觉得有点匪夷所思，那就不怕被其他人揭穿吗？毕竟共同好友那么多，大家又抬头不见低头见。

朋友说：一个人想要做件事，什么样的借口找不出来？去个酒吧也可以说是加班后的放松呗。

我想了想说：我总觉得哪儿怪怪的。

朋友说：怪就怪在，他让你们觉得他很努力。

比如我曾经看到过一个学弟的微博，上面抱怨老师交代的作业没有做完，熬夜学习实在很辛苦，抱怨时间不够用。可翻翻之前的微博，都是在逛街、吃饭、唱歌。

过了几天再去看他，又更新了，说作业没有合格，埋怨老师怎么这么不通人情。明明是自己加班加点写好的功课，却得不到认同。

一开始我也替他不平，觉得老师苛刻，可联系上下文就会觉得学弟估计也是拖延症患者，最后完成的作业不尽如人意。

我看到有人在他微博下评论：你要多用点心才可以啊，别总是出去玩儿。

学弟理直气壮地说：我没有不用心啊，我这是学习、娱乐两不误。

还有一种情况是这样子，我大学的时候有一位女同学，每天看起来特别刻苦，上课时坐在前三排，选修课一节不落，晚自习不是在教室，就是在图书馆，大家说，这么努力的姑娘，运气一定不会太差。

可是，每次考试她的成绩都是中下等，有时甚至在倒数，可是这么努力的人，为什么没有好的回报呢？

后来我才知道，她做的事情，都是一些无用功，有的题不会做，就跳过不去做，有的问题一知半解，也不再搞清楚，光是用了时间花费在那些已经明白的事情上，却对疑惑不懂得解答。

我们都在谈，你只是看起来很努力，觉得自己的付出没有回报，你有没有想过你的付出是否足够，或者没有努力到了点上。

上面的两种情况很常见，但还有一种才是我说的关键。

在各种运动APP开始兴起的时候，几乎公司的所有人都加入其中，既能强身健体，又可以和好友的朋友一起参与，靠着每天的跑步公里数进行排名，相互激励。

当抢占APP的封面和排名愈演愈烈的时候，同事W快速地下载了APP加入了进来，从那以后，他几乎每天都是占据第一名的位置。

看着他在朋友圈里不断晒着自己汗流浃背的样子，看着他在APP里每天保持着第一的名次，大家都是止不住地羡慕。

W真的是太牛了，每天跑20公里。你看W今天又是这么拼，我简直败了。太厉害了，太努力了……

我也被他每天的朋友圈刷屏，说自己今天跑了多少公里，晒自己最近看了多少本书，分享自己又参与了多少活动，看了多少展览。

我一边感叹他精力的旺盛，一边觉得自愧不如，就连周一的例会上，领导都点名表扬说W最近工作十分努力，值得全公司同事学习。

之后在某次聚餐中，我偷偷问W，你怎么能这么厉害，每天能做这么多的事情，尤其是跑步，到底是怎么做到每天20公里的？

他先是哈哈大笑了几声，然后掏出手机点开APP给我演示，原来他的APP是所谓的共享版，只要稍微晃动手机，里程数就会相应往上加。他得意扬扬地说这是他一个哥们儿做的，在圈子里特别走俏。

我惊讶地问，那你每天跑步吗？他乐了，跑啊，只是跑不了那么多。

我又问，那争这个第一有什么用？他看我一眼，可以吸引异性啊。

他环顾一眼旁边的同事，悄悄地说，而且你看大家多佩服我。临了他还不停地嘱咐我，千万别说出去。

后来，当运动APP经过几次升级后，他就不再跑步了，说自己有了新的健身目标，不再掺和这种群体活动。

我默默地想，估计是APP没办法再作假了吧。

你真实跑了多少就是多少，拿着晃动手机带来的成绩，只能哄别人；你真正看了几本书就是几本，分享出去的也只能获得点赞；比如工作，你完成怎样就是怎样，会体现在结果上。

这就意味着，你所有装出来的努力，最终只骗得了别人，骗不了自己。

假的就是假的，假的永远真不了。

一旦你把这种每天努力的状态提供给别人，别人就会以为你离成功不远，而如果你最后没有达到预期的效果，就会抱怨，这时别人就会说，没关系，你已经做得很好了。

更严重的是，当你装努力到一定程度后，你就会以为自己真的做得很好了，已经够完美，没有得到想要的都是别人的错。

哪怕暂时有了机会，但那也是你现在能力所达不到的，又何谈未来的所得呢？

那真正的努力是什么？

持续性是努力的一种发展状态，并不是在你的某段时日里像疯了一样玩命努力，而是你在任何时候，都有一种想要争取的决心和愿意付出的行动力。

目的性是你能够明确自己想要达到的目标，并且制定出了切实可行的计划，严格按照计划执行，不做无用功，不走回头路。

这里有一个关键点，是在于目标的现实性。如果说努力是为了能够让眼下的工作顺利完成，那么你的努力会更加的脚踏实地。

不说空话，不做虚事，有目标，有责任，有持续性，才是真正的努力。

曾经看过这样一句话：努力是你真的用尽全力去做一件事，而不是看起来用尽全力去做一件事。

现在我觉得应该补上一句，努力是你真的去为一件事付出，而不是假装付出只为博得别人的眼球。

更为重要的是，千万别总说自己努力，当你把努力形成自己日常的行为准则后，就会把努力变成习惯。

那时，你就不觉得自己是在努力，那只是你的生活常态。

你的每一分付出
都是在为成功做准备

　　小时候，我常溜进小区旁边的体校里玩耍。放学后的大半天时间，有好几个方阵的学生在那里训练。无论是寒冬还是酷暑，上来20圈热身运动的是田径队；杠铃举到"鬼哭狼嚎"，俯卧撑做到痛哭流涕的是举重队；我最喜欢看的是跆拳道实战，每次都躲在厚厚的绿垫子旁看她们训练。

　　那是暑假里的集训，十几个女孩子在教练的号令下分成两队自由对打。突然，教练对着一个懒散的梳着羊角辫的女生暴跳如雷起来，女生也吓了一跳，不好意思地低下了头，但动作依旧没有达标。

　　教练迅速让其他队员站成一排，和"羊角辫"逐一对打起来。我看着她像一只慌乱的小兔子，忙不迭地躲避着对手"毫不留情"的袭击。刚到第三局，她就被一个下劈掀翻在地，抹着流血的嘴唇哭了起来。

　　教练示意继续。下一个对手便又虎视眈眈地站到了女生的对面。

　　来不及擦一把泪水，小女孩儿又披挂上阵了，这一次，她又倒在地上，好半天也起不来。

　　她痛苦地蜷缩着身体。我躲在暗处，吓得连大气都不敢出，一颗心悬在半空。忽然觉得喉咙像是被什么东西哽住，撕心裂肺的疼。

　　教练几步走上去，检查了一下，便一把把她薅起。让下一个学员继续上场。小女孩儿像疯了一样毫无节奏地乱踢乱抓，我看着她像一头孤军奋战的小鹿。教练的眼里满是"冷漠"。

我眼见着她一次次倒地又爬起，汗水裹着泪水怎么抹也抹不干净。终于有一次踢到了对方的脸上，教练做了个拍手的姿势以示鼓励。小女孩儿愣了一下，咬着牙又冲了上去。

这一局她赢了，今天的训练也结束了。

大家互相鞠躬拍手，感谢教练和队友，然后小女孩儿卸下了身上的护具，一瘸一拐地走到了角落。我亲眼看见她把头扎进手臂里痛哭。

等我在拐角处最后回望，筋疲力尽的她也终于捋着头发爬起来。

我们的人生有多少这样的困境啊，看得见或者看不见的，可是心里总有那么一个声音告诉自己，别趴下，别趴下。

几年后，我故地重游，体校教学楼的外面正在翻修，操场上暴土扬尘。几台健身器材堆在大门口，锈迹斑斑。我忽然看到院墙外面的宣传栏里新贴着几张巨幅海报。其中一个女生身穿道服，笑靥如花地咬着一块亮闪闪的金牌。我恍然大悟，原来这就是那个在角落里痛哭的小女孩儿。

她的眉眼如昔，可纤弱中带着一股不服输的倔强和坚强。还有什么比这个更激动人心的吗？我想起了家里老人常说的那句话：这世间的苦，你不会白受。

从去年春天开始，我下定决心要健身。因为连续加班熬夜，出差开会，我深深地感到机体免疫力的下降。头经常会莫名地疼起来，疲惫感不断涌起，还有恼人的溃疡。

我打定主意，为了自己为了家人，这次说什么也要坚持下来。白天的时间太有限，思前想后我选择了夜跑。考虑到距离和安全，我决定先在小区的甬道上练习。每到夜幕四合，我安顿好家里的一切，就换上跑鞋和运动服一边给自己打气，一边做准备活动。小区的南面是儿童乐园，里面非常热闹。我大口喘着粗气和散步的老人们擦身而过。

　　初春的风有一丝清凉，调整了呼吸，越跑越觉得舒畅。我慢慢地远离了人群，往北面的灌木丛方向跑去。忽然，在拐角处，出现一个人影，吓了我一大跳。

　　我们都在昏暗中站定了几秒，谨慎地打量了一下对方。他先打破了沉默，怯生生地说："对不起，我在这里练习颠球。"我这才发现，灌木丛后面有一小块空地，正好不被打扰。我也忙自报家门："没事，你练吧，我夜跑的。"

　　我隐约觉得他点头的时候笑了笑，但也许并没有。总之，短暂的交流后，我们又各自开始了自己的项目。从那天起，每次夜跑，我都能看到身形瘦弱的他，躲在灌木丛的后面练习，风雨无阻。练着练着，我们似乎成了并肩作战的友军，身后的喧嚣譬如朝露，只有我们两个在暗夜里互相呼应鼓励着。

　　到了深秋，有好几场大雨，老公说什么也不让我出来了。我站在卧室的飘窗旁，看着淅淅沥沥的雨滴穿梭在天地间，不知为什么想起了灌木丛中那个倔强的身影。不到半年，他的技法已经非常娴熟了，击球的声音不再断断续续，球也极少有失控滚出草丛的时候。

　　而我呢，跑过了春夏秋三季，流了无数的汗，也叫过苦喊过累，赌气要放弃。可想到不远处还有一个不屈的身影拼搏着，便又有了一种我道不孤的自豪感。8个月的夜跑外加半年的瑜伽，我不再气短胸闷，力不从心了，更难得的是还成功减去了10斤赘肉。

　　最初的那颗火种已经可以燎原。当你成功地坚持了一件事，就像是获得了一条隐秘的小径，让你穿过无聊的现实、荒草和雾霭，来到了一个开满鲜花的庭院。坚持这件事最有益的是，它让你在奋斗的过程中充分地了解了自己，掌握了控制自己脾气与惰性的那把钥匙。它让你知道自己什么时候要减速，什么时候要冲刺，什么时候最难受，什么时候想放弃，然后知己知彼所向披靡。

除了坚持夜跑，我又开始学习英语。虽然我的工作暂时涉及不到外文，但我下载了单词APP，每天强制自己背30个单词。每天上班和下班的路上，一定是挂着耳机，一般都锁死一篇文章力争听到每一句话都明白，所以常常是两个月了我还在听同一篇。我在网上找到了一位专门教口语的菲律宾籍老师，和她商定每天聊一小时。刚开始的时候，我听不懂长句子，只能从天气和爱好聊起。而且我的词汇量也撑不起60分钟的课堂，所以每次上课前我都必须先查字典抄美文，准备出长长的几段英文来扩充发言的时间。慢慢地，我开始有能力和老师展开辩论了，又过了一阵，我发现一个小时实在太短暂了。这期间我也曾沮丧过、失望过，想过放弃。但老师鼓励我学语言从来就不是一蹴而就的，语言就像流水一样不断变化，不要给自己太大压力，只要每天上课练习，享受学习就可以了。你把时间种在哪里，哪里就有收获。

我们很难说这一段坚持能改变多少命运，但可以肯定的是，每一段经历都是难能可贵的礼物，每一次努力都有着讳莫如深的意义。如果那一年，"角落姑娘"没有坚持下来，做了赛场的逃兵，就不会有后面重绽笑颜的获奖照片。如果那时我任由身体肥胖，体质下降，也许到现在还是亚健康状态。还有那个灌木丛里埋头苦练的小男孩儿，虽然我不知道他为了什么，可我肯定的是，他吃的苦受的累，都会变成有益的养分。

2015年10月，单位选派人员去洛杉矶考察。本来与英语没有交集的我因为口语流利意外杀出了重围。在我刚开始学英语的时候，办公室的人都笑我浪费时间，还不如追追韩剧，放松下心态。当时的我，并不知道学英语对我以后的人生有何意义，就像走在一条漆黑又漫长的隧道，停下来就只能永远待在原地，往前走走也许就会找到出口。

　　人们都说命运诡谲，沧海桑田。可我总觉得那些吃过的苦，受过的累都是他日成就自己的倚靠和积淀。世上没有免费的午餐。同样，每一段艰辛的路程都有其意想不到的价值，付出必伴着收获。

别被困难
给吓跑了

一直以来，我说的最多的词就是坚持，坚持把一件事情做好做到极致，就会喜欢上它。

结果很多朋友留言。有人懊恼自己放弃了一份工作，有人在放弃与坚持之间摇摆，有人问我什么样的事情才值得坚持。

坚持确实是件很重要的事情，我说了很多次，这世上的大多数事情，都是唯坚持不破。

但有一个前提，就是这件事值得你坚持。

如果一件事情根本不值得坚持，那么坚持就是无用功，坚持就是浪费时间，坚持也不会有好结果。

那么，什么样的事情是值得坚持的？什么样的事情是不值得坚持的？你正在做的事情到底值不值得坚持呢？

有五个方法来检验，现在大家跟我一起逐条对照吧。

1. 有没有机会学到宝贵技能

有些事情，无论你在上面耗多久，可能都学不到什么技能。一年两年，十年八年，你还是那个样子，即使很努力，技能也不会有太大的提高。

比如有些简单的机械化的工作，有些低级的打杂性质的工作，除了让你耗费青春，耗费热情，根本没有机会学到什么宝贵的技能，坚持下去，除了拿一份薪水，还有什么意义呢？

何谓宝贵的技能？就是你能够看到这个职业的前景，只要你能驾驭这份工作，你就会越来越有价值，不会轻易被替代。

所有轻易就可以被替代的事情，都是不具备宝贵技能的。我们要避免在这样的事情上浪费时间，而是要去做能让自己不被替代的事情。

一个公司里，有些职位是容易被替代的，而有些职位是很宝贵且上升空间很大的。我们做别的事情也一样，有些事情是在不断地消耗我们，而有些事情会让我们越来越好。

怎么选择，不言自明。

2. 有没有和年龄成正比

有些事情就是吃青春饭的，比如礼仪小姐，比如靠力气做的事情。

我们在这样的事情上坚持，结果会是什么呢？就是某一天我们年龄越来越大，会发现我们的生存环境也越来越差，甚至到后来不得不重新找别的事情做。

真正有益的事情，一定是和年龄成正比的。即使青春不在，也不用担心被淘汰，甚至，年龄越大，反而越值钱。

不要觉得自己现在年轻，无所谓，只要事少钱多能轻松愉快地玩就行。早晚有一天你会老的，相信我。

如果你不想越过越凄惨，不想在青春逝去时狼狈不堪，那么，从现在开始，放弃那些除了消耗青春，没有任何意义的事情。

青春是用来学习的，不是用来消耗的。

3. 有没有人愿意埋单

这个听上去有点复杂。

简单来说，不管你学什么技能，这项技能必须是有人愿意付费的。比如你学英语，你学写作，只要坚持学好了，就有人愿意花钱雇你，有人愿意花钱买你的文章。

有价值的事情别人才会付费啊。

如果你说，我想过自由自在的生活，我想出去旅行，我想蹦极，我想打游戏，我想打麻将，我想打牌。

我建议你先问问自己，你要做的这些事情，有没有人埋单？

如果有，那么你尽情地做下去吧，如果没有，就不要在上面耗费时间，顶多把它当作业余爱好好了，不要在上面花费太多的时间精力。

没有人愿意埋单的事情，首先说明它是无用的，其次说明它不会让你越来越好。为什么要一直坚持呢？

4. 是否对健康有益

健康是一切的基础。

但有些事情就是和健康对着干的，比如熬夜，比如吸烟，比如那些对健康有害的竞技或娱乐。

不要觉得你现在很健康，身体能折腾，放心吧，折腾不了多久的。如果你不信，可以到医院转一圈。

跑步、游泳之类的事情，或许没有什么价值，也不算宝贵技能，更没人愿意埋单。但是，它们对健康有益啊，所以你还是需要坚持不放弃。

规律作息、健康饮食，等等，所有看起来似乎无用的事，只因为对健康有益，就值得我们坚持。

健康有了保障，我们才能去学技能，让自己越来越有价值。

5. 有没有面对阻力的勇气

我们做任何事情都会遇到阻力。

有些阻力是来自家人的，有些阻力是来自陌生人的，还有些阻力是来自自己的。

比如有人写作就遭到了身边人的嘲笑，有人工作暂时比较累会被家人逼着换轻松的工作，有人不断地怀疑自己，觉得自己不是做某件事情的料。

这个过程中遇到的来自事情本身的阻力就更多了。

比如这件事情好难学，怎么做都做不好，比如学这件事要花好多钱，比如学的过程中状况不断。

每一个声音都在叫嚣着：放弃吧，你不行！

如果你没有面对阻力的勇气，如果你是玻璃心，听不得一句嘲笑的话，随便一个挫折都能打垮你。

那么，你还是早点放弃吧，坚持这两个字，跟你八字不合。

以上五点，如果你的答案都是肯定的，恭喜你，这件事值得你坚持，大胆地坚持下去吧。

卡尔·纽波特在《优秀到不能被忽视》一书中说："困难会吓跑空想家和胆小鬼，但会留给我们这些人更多的机会。"

好好抓住机会吧，祝你成功！

是不放弃让我走到了最后

她从小就够努力，可命运总是跟她开玩笑。

为了能读书，她6岁起就开始帮父母干活。到了卖柑橘的季节，她常常凌晨两三点钟就得起床，走山路，帮母亲把柑橘背到街上，然后再赶到学校上学。即使这样，上到初中还是被迫辍学了，因为家里还是供不起她念书。母亲说，我的这个娃儿几乎是饿大的，不是喂大的。

为了改变命运，她做过建筑工人，摆过地摊，卖过小火锅，承包荒山种苦竹，养鸡、养猪……她尝试做过几十个项目，但都以失败告终，连她自己也记不清到底经历过多少次失败。

"一定不能倒下，一定要站起来。"每次失败，她都这样宽慰自己。

直到有一天，一个偶然的机会，她吃到了一种口感特别的蔬菜，这让她预感到命运有了转机。

那是她的家乡四川宜宾极为常见的一种蔬菜，叫大头菜，是芥菜的一种。不过她吃到的是一个叫陈家华的朋友用祖传的手艺腌制的，味道非常独特，兼具麻辣咸香脆的特点，但又不像传统的腌制大头菜那么咸，甚至可以当零食吃。她想，如果能把它开发成产品，一定会有很多人像自己一样喜欢吃。

她向陈家华提出了合作开发大头菜的想法，没想到对方一点商量的余地都没有，一口就回绝了。原来陈家的手艺是祖传的，陈家祖上有规矩，腌制大头菜的独门绝技都是单传，即使没有孩子也不允许外传。

这样的拒绝，并没有让她灰心丧气，因为她早已历经失败的磨砺，已不会轻易地回头。

她频繁地去陈家，却没有死缠烂打地天天讲合作的事，而是只帮忙做些家务，扯扯闲天。时间长了，她与陈家人越来越近，终于有一天，陈家人被她的诚意打动，同意合作办一个大头菜加工厂。

初战告捷，她很兴奋，立刻用东拼西凑的4万元购进了7吨大头菜，就在她的家里开始了把大头菜做成产品的实验。

传统制作腌菜的方法，是将大头菜一个一个串起来，挂在院子里自然风干。成吨的大头菜都挂起来，显然太耗费人力了，为了省工省力，他们决定改进工艺，全部平摊着晾晒。七八天后，当她兴致勃勃地拿起大头菜查看时，瞬间心里就凉了半截。原来朝下的一面，因为不能跟空气接触，都腐烂变质了。

7吨大头菜，没等腌制就全部扔掉了。不过原因是明摆着的，她没有气馁，四处筹款，再次购进了5吨大头菜，并研究调整晾晒方法。这次他们专门制作了一个铁炉，希望在大头菜霉变之前就进行烘干。然而，梦想很丰满，现实却很骨感，实验还是失败了，大头菜一吨接着一吨地被倒掉，借来的钱也跟着全部打了水漂。

血本无归是一种什么样的感觉呢？心痛吧，难受得不行，朋友想打退堂鼓了。她也心疼，但她没路可退，虽然没有足够的资本，但她有足够的外债。

在她的坚持下，实验再次启动，只是回归了最原始的办法——人工串挂晾晒。为了节省人工，她成了主要劳力，为了最后的希望，她几乎拼尽全力。有时干到清晨，大家都受不了，倒下睡了，她非要把手头的菜串完，指头都串破了，她也没哼一声。

串完的大头菜需要挂在架子上，经过20天的晾晒才可以做腌菜。最原始的方法竟成了唯一的方法，晾好的大头菜，终于做成了产品。当那麻辣鲜香的味道浸满她的口中时，她禁不住热泪盈眶。

实验成功，她再次举债，一下子就买回了10吨大头菜。一串串大头菜挂满了架子，就好像一道迷人的风景线，她觉得梦想的财富离自己越来越近了，然而命运跟她开的玩笑，还远没有到头。

2007年3月，持续降雨引发的大水突袭了她的工厂，10吨快要腌制好的大头菜全部被水淹没。几天后，大水退去，留给她的是一片狼藉。所有被水浸泡的大头菜不得不扔掉，成车的菜被拉了出去，她的心也跟着碎了，此时的她已经身无分文，还欠下了一屁股债。回到家，看见年迈的父母，她无言以对。

她不怕吃苦、执着追求的精神赢得了合作伙伴的信任。陈家华的家人伸出了援手。在历尽艰辛之后，2008年初，承载着财富梦想的大头菜产品终于问世了。短短几年间，他们的销售收入就达到了2500余万元。

她就是宜宾市华锐食品有限公司的董事长施正琴。

对于那些正在创业的旅途中苦苦思索成功秘诀的人来说，施正琴或许给出一份令人欣慰的答案，她说："机会对每一个人都是一样的，失败并不可怕，可怕的是，倒下去，就不想起来。"

成功是什么？成功就是失败了，却从不放弃。

成功，需要
一些冒险精神

大笑的人可能被当作傻瓜，流泪可能被视为脆弱，主动认识他人的人，可能会把自己暴露于尴尬的境地。把自己的想法和梦想宣告于众的人，可能失去众人的拥戴。去爱一个人，要冒不被那人所爱的风险。活着，有死亡的危险！

想成功，却要冒失败的风险。可是，所有这些风险和危险都是值得的，因为人生最大的冒险，就是没有任何冒险。

没有任何冒险的人，或许避免了痛苦和悲伤，可是他的人生缺少感受，缺少变化，也就没有成长。

比尔·盖茨靠什么法宝建立了他的微软帝国？

在比尔·盖茨看来，成功的首要因素就是冒险。在任何事业中，把所有的冒险都消除掉的话，自然也就把所有成功的机会都消除掉了。他的一生充满强烈的冒险精神。他甚至认为，如果一个机会没有伴随着风险，这种机会通常就不值得花心力去尝试。他坚定不移地认为，有冒险才有机会，正是有风险才使得事业更加充满跌宕起伏的趣味。

他是一个具有极高天分、争强好胜、喜欢冒险、自信心很强的人，他在本行业的控制力是惊人的，以致有评论说：微软公司正在"屠杀"对手，看来似乎几近垄断软件行业。

事实上，对冒险精神的培养，比尔·盖茨从学生时代就开始了。他在哈佛的第一个学年故意制定了一个策略：多数的时候逃课，然后在临近期末考试的时候再拼命地学习。他想通过这种冒险，检验自己怎么花尽可能少的时间，又能够得到最高的分数。他做得很成功，通过这个冒险他发现了一个企业家应该具备的素质：如何用最少的时间和成本得到最快、最高的回报。

他总是在培养自己"好斗"的性格，因而被人称为"红眼"（人在紧张时肾上腺素冲进眼睛，导致眼睛通红）。久而久之，他成为令所有对手都胆怯的人物，因为他绝对不服输，绝对不会退缩，绝对不会忍让，更不会妥协，直到他自己取得胜利。这种个性成为他创业时期的最明显的特征，他令一个个对手败在了自己的手下。

但是他同时又是一个最不满足的人。到了20世纪90年代，他已经成了世界首富，但是不满足的心理依然驱动着他继续自己的冒险事业。他在一次接受记者的采访时说："我最害怕的是满足，所以每一天我走进这间办公室时都自问：我们是否仍然在辛勤工作？有人将要超过我们吗？我们的产品真的是目前世界上最好的吗？我们能不能再加点油，让我们的产品变得更好呢？"

比尔·盖茨最喜欢速度快的汽车和游艇，他私人拥有两部保时捷汽车和两艘快速游艇，毫无疑问这是他不断锤炼自己的冒险性格的工具，不值得提倡的是，他因而经常接到超速的罚单。

一个人驾驶汽车到沙漠旅行，一个人驾驶飞机飞越崇山峻岭，一个人驾驶游艇遨游大海，这都是比尔·盖茨常做的。

有的人总担心失败，他们总会找出各种各样的理由，来使自己不去冒险，最后，他们一事无成，只能羡慕地望着别人。

有的人总害怕困难，将一些很有意义的事，推给了别人，但当别人历尽千险得到掌声和鲜花后，他们又后悔莫及，当初不该将机会"拱手相让"。

有的人害怕去冒风险，因为他们总想躺在幸福的港湾里，风平浪静，无比留恋安逸和舒适，毕竟风险常常是失败的导火索，常常意味着放弃到手的一切，常常意味着要承担许许多多困难和压力。也许做人用不着挑战，四平八稳是最好的。那么我们的世界会不会进步？人类的文明和繁荣是不是一纸空文？我们应该知道做任何一件事，完成任何一种工作都不可能有百分之百的把握。即使在我们的日常生活中，也常常有风险，只是风险率低些罢了。

风险可能会导致你失败，但如果你能化险为夷，那么你获得的回报将远远比不冒风险做事所取得的回报要高得多。鲁迅先生说过，世上本没有路，走的人多了，也就成了路。敢于第一个吃螃蟹的人是多么难能可贵。

例如，爱迪生为了发明电灯，研究经济适用的灯丝，承受了10000次风险，终获得了成功。又如，发明蒸汽船的富兰克林，一开始，人们讥笑他的船是怪物，抱着来看热闹的心态来看他出丑。但是他没有退缩，屡败屡试，不断改进，终于获得了非凡的成功。还有发明飞机的莱特兄弟，敢于想象不可思议的事情，甚至付出了生命的代价，为后人开辟出一条光明的道路，今天的人们终于实现了在天空自由翱翔的美梦。

我们说一件事情有风险，往往就意味着完成这件事困难比较大，不确定因素比较多，而保险系数比较小。因此，人们一般不愿冒险，可是成功的人往往喜欢冒险，因为他们知道：风险就如一个险滩，渡过了这个险滩，就会风平浪静，就有胜利的喜悦。第一个吃螃蟹的人，往往能成为成功者。

一个年轻人离开故乡，开始创造自己的前途，去实现人生的梦想，他动身的第一站，是去拜访本族的族长，请求指点。他对族长说：我的一生不能平庸，我不愿与草木同朽，我要与日月同辉，我要建立丰功伟绩，我该如何去做？老族长正在练字，他听说本族有位后辈要开始踏上人生的旅途，就写了3个字：不要怕！然后抬起头来，望着年轻人说："孩子，人生的秘诀只有6个字，今天先告诉你3个，供你半生受用。"10年后，这个从前的年轻人已建立起了一个超级商业王国，取得了巨大的成就。归程慢慢，到了家乡，他又去拜访那位族长。他到了族长家里，才知道老人家几年前已经去世，家人取出一个密封的信封对他说："这是族长生前留给你的，他说有一天你会再来。"他这才想起来，10年前他在这里听到人生的一半秘诀，拆开信封，里面赫然又是3个大字：有何怕!

想成功，就得有冒险精神! 想成功，就要能异想天开! 因为谁也不愿永远停留在"原始的洪荒年代"!

懒是成功最大的劲敌

旧的一款手袋，扔掉了可惜。那天在屋里读书读得有点闷，便找出来，拿毛巾稍微擦一擦，拿到室外认认真真拍了几张照片，前面、后面、内里、口袋、手柄、划痕、序列号，一一拍个清清楚楚。

选出九张最满意的大图，挂在二手网站上。

为了方便买家了解，我在宝贝详情里面写得尽可能的详细：2012年买的，有正常使用痕迹，内里干净无污渍，五金轻微氧化，无背带，序列号见图八，有锁有钥匙……

婆婆妈妈写了三百字，编辑好之后还觉得不够完美，撤掉一张背面照，加上了一张真人背着的照片。

发上去两天，八百个人浏览，十五个人私信，八个人问了相同的问题：

有背带吗？

有锁吗？

我有点忘了当时有没有把问题说清楚，翻回去看一看，这些我都写了。

不过既然把东西挂上去就是想要尽快出手。我挨个回复说：没有背带，背带是另外一款；有锁，图片上可以看出。

为什么写了宝贝介绍她们还会问这些问题？我思考了一下，也许是我前面铺垫得太多，她们没有耐心看到最后，所以没有找到答案。于是我把买家比较关心的问题放在最前面说：2012年买的，无背带有锁有钥匙，可以刻字……

挂上去一天，有人问我说：有背带吗？有锁吗？

我相信她们一点也不笨，只是因为懒得看。

从小我姥姥就教育我要乐于分享，幼儿园里热腾腾的蜂蜜鸡蛋糕，我和小伙伴掰开揉碎一人一口那么吃。分享是我一直认可的一种品质，但是关键是有些提问没头脑。有句话说得不错，当你在某件事情上没有花够一个小时的时间去处理的时候，便没有发问的资格。

可是这一点，懒人不懂。

之前在电台上班的时候，蔡澜来北京做活动。活动上午九点开始，之前跟蔡澜敲定了时间，早上八点安排台里主持人对他进行一个大概半小时的采访，跟老先生敲定了，他也欣然答应。

早上八点，我们全部到达会场，主持人却迟迟未到。主任上前去跟蔡澜先生解释情况，说路上有点堵车。老先生提前五分钟已经落座，轻品香茗，一言不发。听到主任的解释，微微颔首应允。

八点二十，女主持人姗姗来迟，扯过同事递给她的采访稿，直奔蔡澜就开始采访——那是知道她事先没准备，负责这个的同事现场给她写的。

女主持瞥了一眼纸片："您身体很好，鹤发童颜，请问您保持青春的秘诀是什么？"

"七个字，抽烟、喝酒、不运动。"

女主持觉得有点尖锐，只好念下一个问题。

又问："那您至今仍未实现的理想职业是什么？"

"开青楼。"

本来安排了半个小时的采访时间，十分钟就草草结束。

主任硬着头皮上前去问蔡先生，可不可以给我们节目录一个片头？

当真，被断然拒绝。"不录！"蔡澜口中清晰地吐出两个字。

这是一次明明握着一手好牌，到头来却被自己打烂的采访。

其实这件事情也简单，既然提前一个星期已经知道要采访蔡澜，找几期节目来看，到书店买几本蔡澜的书，可以了解他的为人和风格。蔡澜说那几句话，看起来古怪，其实在他的书中早就说过好几遍，但凡是提前做一点功课，也不会将这次采访搞得一塌糊涂。

如果你想要了解一个人，去买他的书，搜索他的采访和讲座，再不济，从百度上了解他的生平。

然而在获得同样的信息情况下，有些人就连最简单的事情，也要别人告诉他，帮他准备好，美名曰自己挺忙的。

当有些人做伸手党做得心安理得的时候，有些人早就麻溜儿地搜集了大量资料，跑到前面去了。

马家辉是我特别喜欢的香港作家。他在香港出生，台湾大学心理系毕业，后来在《明报》担任副总编辑，一直坚持专栏写作。

马家辉还有一件很牛的事情，他十九岁的时候在书店看了李敖的书，特别崇拜李敖，立志要在二十一岁写一本关于李敖的书。为此高考的时候他放弃了浸会大学，考入台湾大学，成为李敖的莫逆之交。

他比李敖小三十岁，李敖对他说："胡适曾对我说，你比胡适更了解胡适；但是我跟你说，你马家辉比李敖更了解李敖。"李敖还把马家辉列入自己生平好友50人之一，相当了不起了。

不肯下一点功夫，永远不会明白自己从何而来，又将要立足何处。

懒得去准备采访稿，反正是好是坏照发工资；懒得去读宝贝介绍，反正你不卖给我别人也会搭理我；懒得去做梦，反正也不一定能实现；懒得去思考未来，反正缘分这两个字可以解释一切。懒得保养，懒得运动，懒得上进……

最享受的状态就是平时不上课，期末考的时候张张嘴，有学霸的笔记可以复印，最享受的就是窝在沙发吃薯片，吃到碎片掉一地……

在这个世界上，有些人摸着石头，而有些人已经过河了。

［ 坚持是你通往成功
之路最重要的元素 ］

　　坚持、毅力这些美好的词汇，常常和成功、伟大等词汇联系在一起，于是，从表面的概率学来说，成功的人是凤毛麟角，可想而知，坚持并非易事，坚持真的很难。那我们如何修炼"坚持"呢？如果不能坚持下去，难道真的要自己没有意志力吗？

［ 坚持 = 意志力？ ］

　　你的生活中制订了多少计划，是否计划今年读100本书，做个"读书达人"？计划减肥，变成人人羡慕的魔鬼身材？计划连续早起100天，每跑步10公里？计划每天早起背单词，1个月背完GRE词汇书？

　　计划总是那么完美，而现实却是那么"骨感"。

　　当你没有完成的时候，是否会找各种理由为自己辩解，或者一次一次地承认自己确实没有意志力，还是做个普通人吧，坚持是"伟人"的事。

　　其实，事实并不是你想的那样，坚持≠意志力，坚持可以修炼。

　　国外某机构研究发现，人的精力中可用于自我控制的精力占总精力的5%，所以自我控制的精力是如此有限，如果你用自己强烈的意志去进行自我控制，安排计划，一项一项如此精密，那么你将消耗很大的精力去完成计划的事情。而在你总精力有限的情况下，你可支配的自我控制的精力只有5%。这样的话，自我控制的"坚持"的时间可想而知，持续的时间不会很长。

所以，控制自己去坚持，结果会坚持不下去。

不控制自己怎么坚持？答案：让坚持变成一种习惯。

[不要为了坚持而坚持，而是要把坚持变成习惯]

在一本讲习惯的新书《坚持，一种可以培养的习惯》中，作者提到，培养习惯产生三分钟热度的原因：

一是，身体会抵抗新变化；二是，大脑喜欢维持现状。

书中说行为习惯30天可以养成，但，我比较认同行为习惯的形成需要30天，身体习惯的形成大约需要三个月，思考习惯的养成时间大约需要六个月。总体来说，习惯养成一般需要100天来固化，你会经历各种突发情况，如果你仍能坚持下来，就会形成习惯的模式，而这种模式是有弹性和更强的生命力的。

形成习惯的好处，自不用多说，到了某个点做某件事，你的身体、大脑已适应这个节奏，不需要耗费多的精力去完成，所以形成习惯，是节省精力最好的方式。一天中，你的所有行为几乎全部或95%都是习惯决定的。

[如何形成习惯？]

《坚持，一种可以培养的习惯》提到培养习惯的三个阶段：

1. 反抗期（1-7天）。

可以通过一次一个目标，简单有效的规则，不要太在意结果三个方面来提升成功率。

2. 不稳定期（8-21天）。

可以通过模式化，设定例外规则，设定持续开关三种对策度过此时期。

持续开关类型包括："糖果型开关"和"处罚型开关"。

6种"糖果型开关"：奖励，被称赞，游戏，理想模式，仪式，去除障碍。

6种"处罚型开关"：损益计算，结交朋友，对大众宣布，处罚游戏，设定目标，强制力。

3. 倦怠期（22-30天）。

新鲜感过后，会感到无趣和厌烦，找不到坚持下去的意义。这时，需要增加挑战的难度，脱离舒适区，增加新鲜感，更换环境，找到更牛的人作为榜样，一起持续完成挑战。

在养成习惯的路上，通过不断学习和自身的实践可以总结出4个要点：

1. 强烈的愿望+积极的思维方式，从自己的内心中找到动力。

"心不唤物，物不至"，强烈的愿望是动力，也是在没有形成习惯前，你愿意耗费大量的精力的前提。

稻盛和夫先生曾提出"人生或工作的结果=思维方式×热情×能力"，而思维方式有正负之分，积极的思维方式产生正向的人生结果。具体来说，可以每天记录你的"小确幸"，写感恩日记等方式，来培养、发展积极的思维方式。

2. 建立仪式，启动你的能量。

仪式很重要，明确你自己的核心价值观，建立可行的具有弹性的实际行动方式。补充你身体、精神、思想、情感方面的精力，目的是增加你的总能量。

3. 不断输出，获得及时的反馈效果和奖励，形成正向能量循环，把习惯的"雪球"滚大。

行为管理学家，进行过一项调查，让调查者回答下面两个问题：

问题一：今天给你5万元，明天给你5.1万元，你会选哪个？

问题二：一年后给你5万元，一年零一天后给你5.1万元，你会选哪个？

结果，对于问题一，绝大多数人会选择"今天获得5万元"，而对于问题二，则更多的人会选择"一年零一天后获得5.1万元"。

面对明年的事，大多数人能够理性思考，但面对眼前的事情，人类则会失去理性。培养习惯的过程中，有时需要发挥情感的力量，利用即时反馈的方法。

即时反馈的好结果会让人获得极大的满足感和幸福感，任何习惯的养成如果不能给你带来好处，是不会持久下去的，只有在不断养成习惯的过程中，不断地宣告，输出，留下付出的痕迹，获得大家的鼓励和认可或者给自己设置奖励，才能让自己不断地补充能量，激发积极的情绪，从小的成就到大的成就，不断地坚持下去。

4. 建立你的支持系统，建立你的习惯养成。

坚持的路上，找到一起前行的人，互相鼓励。前进的人会懒惰，需要同伴的鼓励，竞争者的刺激，才能迸发出潜能，完成质的飞跃。

当你形成习惯后，坚持就不会变得那么枯燥，坚持也不会耗费你太多的精力。它是你生活的一部分，它是你生活中的阳光、甘露。它更是你通往"成功"最重要、最坚固的元素。

［ 你为你想要的成功 筹备了些什么 ］

［ 1 ］

一个月以前，微信上一个同校的师妹申请加我为好友，我通过之后，师妹迫不及待地切入正题：师姐，我好羡慕你的生活，我从小就喜欢写作，该如何才能过上以写作为生的生活呢？

我问她：你现在开始写了吗？

她回答说：还没有，因为作为一个新人，写好了也没有发表的途径。

现在网络平台如此发达，写言情可以去晋江，写玄幻可以去起点，写随笔可以去豆瓣，写杂文可以去天涯，不管你写什么，总能找到发表的平台。

她礼貌地感谢我后，表示要好好去研究一下。

半个月以后，这位师妹又来找我聊天。我以为她已经研究出成果了，便问她最近写文进展如何？

谁知她犹豫了一会儿，告诉我说：师姐，我还没想好到底是写小说，还是写散文呢。

我对她说：那要看你想写什么。

她考虑了好久才回答说：还是小说吧，不过我听说小说要红很难，大家哪有耐心读小说。

我告诉她，那要看你自己擅长什么了。

她说那我自个儿再琢磨一阵吧。

就在三天前，我在群里碰到她，问她琢磨得怎么样了。

这小师妹理直气壮地回答说：还没呢。原来她又陷入了新一轮的担心中：师姐，我听说现在盗文和侵权很厉害，要是我把文章发在网络上，会被盗文吗？

我只好告诉她，这个问题我无法保证。

听了我的回答后，师妹陷入了深深的纠结之中，我估计她还将一直纠结下去。遥想当年，我刚在网络上写文章时，根本没考虑过盗文之类的问题，现在的年轻人啊，真是思虑周全得很。

作为写手界还算资深的我，常常收到一些关于如何写作的私信，通过总结发现，这些初学写作的人最大的问题就是该如何开始，比如说：

写小说前，要不要写大纲？作为一个新手，如何写出人生中的第一本书？写作时，该不该考虑市场？

对于这类问题，我只能统一回答：快去写吧。立刻，马上。

我不是偷懒取巧，而是因为所有和写作有关的问题，只能在写作中得到解决，事先想那么多有的没的，都没用。

[2]

环顾周围，像我师妹这样想太多的年轻人，不是太少了，而是太多了。

你是不是想去环游世界，却又担心自己存款不够多，外语不够好，以至于迟迟迈不出最初一步，连走出国门去外面看看都无法实现？

你是不是想继续深造，但顾及一旦离开了原有的位置，很快就会被人取代，以至于根本不敢轻易离开？

你是不是想开始创业，但考虑到自己毫无经验，经济大环境又不够景气，所以压根不知道从何下手？

这些"想太多"的人，在开始做一件事之前，总是会顾虑重重。他们不是不想开始，而是在开始之前，想等待一个最完美的时机。他们最喜欢说的就是，等我怎样怎样了，我就如何如何：

等我财务自由了，我就去做真正喜欢的事；等我选到了一个最理想的店面，我就去开家小店；等我英语学好了，我就去国外旅行……

这些"想太多"的人，总是把太多的时间花在纠结上，他们总是想等到一切条件都足够成熟时，才开始去做。可事实上，永远都没有万事就绪的时候，你想等到一个完美的开始，结果就是永远也开始不了。

他们总是设想着等什么都准备好了，然后再开始去做最想做的那件事。

通常情况则是，当我们把所有期待都放在然后上，然后就没有下文了。

一个五百强公司的人力资源部主管曾经跟我说，他们公司每年都会对员工进行测评，结果发现，那些在公司表现最好，最受猎头青睐的员工往往不是一肚子想法的，而是行动力超强的。

所以他们在招人时，通常会着重考察应聘者的执行力，他们也许不是最有创意的，却是最善于将创意转化为产品的那类人。

[3]

自认为从小到大想到什么就去做什么的我，一度很难理解为什么有人会在做一件事前想那么多，直到同样的事落到我自己头上。

从今年年初开始，我一直在筹划着做个人公众号，但是眼看着今年已经只剩下不到两个月了，这件事情还在筹备之中。昨天，我在微信上和一个很久没聊过的编辑聊天，问他开始做公众号了吗，他发了一个尴尬的表情，说还没有。我说我也没有，两个人都不约而同地沉默。

就在年初的时候，我们俩还是踌躇满志，兴致勃勃地告诉对方：我要做公众号啦！你要监督我哦。

豪言壮语还在耳边，十个月过去了，我们压根都没有开始起步。对比起来，唯一值得欣慰的是，我新注册了一个公众号，尽管一篇文章也没有发布过。

为什么会这样呢？我觉得还是因为顾虑太多吧。就拿做公众号这件事情来说，我有太多太多的担心：担心写不出爆文，担心写的文章没人看，担心涨不了粉，担心无法及时更新，担心即使更新了也无人关注……

这些顾虑阻碍了我，让我将做公众号这件事一再延迟。我终于明白了为什么会有那么多想太多的人了，因为他们和我一样，有着各式各样的担心，我们害怕的事情看似千姿百态，其实质却是一样的——我们都害怕自己在竭尽所能后，收获的仍然是失望。

所以我们宁愿将手头想做的事无限期往后推延，好像只要不去开始，那些担心的事就不会发生一样。

为了避免努力之后的失望，我们干脆就不去努力。但是这样真的就不会失望吗？不会的。

天长地久下去，也许我们避免了种种设想中的失望，却逐渐累积了另一种失望——那是对自身怯懦和拖延的失望。

失望有很多种，可当一个人开始厌弃自己，那才是最致命的，这样的失望，才是真正的失望透顶。人最怕的，是还没有行动前，就找出各种理由和借口来，说服自己不要开始。

[4]

　　杨绛先生曾经给一个年轻读者回信说：你最大的问题，就是读书太少而又想得太多。

　　对于我们绝大多数人来说，除了读书太少外，最大的问题往往是想得太多而又做得太少。

　　罗振宇曾经提出过一句响亮的口号，"成大事者不纠结"。古往今来的成功者，的确都是执行力超强的行动派，他们很少纠结，他们想到一件事，就马上去行动，在行动的过程中去修正问题，解决问题，而不会设想着等到所有问题都解决了再去开始。

　　乔布斯在推出苹果手机前，人们对智能手机的前景并无信心。他没有想太多，坚持推出了自己的产品。苹果一代还有许多缺陷，可那又如何，那些缺陷可以在一次又一次的升级换代中得到弥补。

　　马云在创立阿里巴巴时，几乎遭到了所有人的嘲笑，人们压根不相信，会有人真的去网上买东西。如果他非要坚持等到一切都准备就绪时再动手，那么现在称雄互联网经济的霸主可能早已换了其他人。

　　当你还在踟蹰，当你还在纠结，当你还在期待一个万事俱备的开始时，行动派们已经早早地着手去做，久而久之，你们之间的距离会越来越远。你会发现，当初都在同一个起点上，可因为你想得太多而做得太少，早已被远远地甩在了后面。

　　我不是说让你行动前什么都不去想，而是劝你在行动前千万别想太多。想太多这件事，本身就是很耗元气的，日复一日的纠结，会消磨掉一个人的志气，让人在还没开始行动之前已经变得筋疲力尽。

你所要克服的，是瞻前顾后的担心以及对完美的执念。在做一件事之前，适当的筹划是有益的，过多的顾虑则是有害的。对于我们要做的大多数事来说，完成永远比完美要重要。

孔子曾说"学而不思则罔，思而不学则殆"，把学替换成"行"，意思也是很恰当的。

与其在行动前就纠结着如何开始，还不如挽起袖子，说干就干。

你想要写出让人看得如痴如醉的小说来，那么就打开电脑，写下第一个字；你想要见识更广阔的世界，那么就走出家门，去你力所能及的远方；你想要更高的收入，更好的生活，那么就花费更多心血去成为某一行业的专家，让自己成为能够匹配更好生活的人。

你想要吃桃子，至少得先种棵桃树，对不对？

别等到你垂垂老矣的时候，才后悔莫及地发现，你对未来有过无数种美妙的设想，可那一切都停留在了想想而已的阶段。

一个人能抵达多远的目标，归根结底取决于你做了什么，而不是你筹划了什么。

努力到让自己心安

[不要奢望能够摆脱这种不安]

上大学前，总有人告诉你说等上了大学就轻松了；毕业前，总有人说等你找到工作就好了；工作时，又有人说熬过这段苦就会好了。

以此类推，以后还会有人告诉你，有了男女朋友就好了，结婚了就好了，生了孩子就好了，再然后就是孩子上学，孩子毕业，孩子工作……

这一系列的安慰，总之是要告诉你一个道理，度过这一段人生便不那么艰难了。

可事到如今我发觉，人生的任何一个阶段都不会轻松，不会轻松意味着你的每一段时光都需要或多或少的努力。

但与努力相伴而来的不一定是成功，而是一种时刻围绕着你的不安。

你高考前夕的焦虑，找工作时的不安，面对职业选择的困惑，徘徊在情感路口的彷徨，等等。

自暴自弃实在太蠢；埋头苦干，又看不清前路。你要怎么办？还能怎么办，只有"死撑"呀。

刚刚开始工作，一心想要干出一点成绩，结果却苦于没有机会，好不容易做出一点效果却发觉从前认识的人都成了牛人，自己却还是那只缓慢的笨鸟。

这时你怎么办呢？就此放弃，你不甘心；加倍努力，可是还是没有大的进步。你要怎么办呢？还能怎么办，只有继续"死撑"呀。

后来，你遇到了一个你爱的人，你愿意倾其所有，把一切都给她。你愿意随时站在她的身前为其挡下子弹，你发誓要代表这个世界更爱她一点，从前她可能吃下的所有苦，你都要亲自补偿给她。

如果幸运的话，她可能相信了你。有一天你甚至有可能向她求婚，可是呢？她含着眼泪告诉你，我知道你是爱我的，可是我父母也爱了我这么多年，他们不会同意我嫁给一无所有的你的。

你要怎么办呢？还能怎么办，只有"死撑"呀。

这种不安常常在纠缠着你。

［人生无须比较］

在毕业的时候，我们面临着一个问题：是在家乡挣扎，还是在远方漂泊；是留在父母身边做他人眼中的乖孩子，还是走到大城市做传说中"别人家的孩子"；是忍受了无生气的工作，还是面对困难的竞争。

"生存还是毁灭，这是一个值得思考的问题"。在当时的我们看来，离开家乡与否似乎就决定了我们整个的人生。

而今发觉，其实无论是离开家乡，还是留在家乡，这个决定都不重要，重要的是我们不要比较。

努力带来的不安，有一部分就是来自于比较之中。

比较是一个很神奇的东西，我们在比较中获得优胜的时候常会变得自负，在比较中失败的时候又常变得自卑，哪怕是不分胜负，也易让我们变得狭隘。

你在家乡生活，看别人在外奋斗赚到了钱，你觉得自己失败。

在外面赚到了钱，你看别人四处旅行晒幸福，你觉得自己失败。

你四处旅行晒幸福，看别人晒出在家乡父母的合影，你觉得自己失败。

你在外奋斗多年刚刚升职，本来怡然自得，却因为听说朋友不过用了短短的一两年达到了你五六年都触碰不了的位置，你觉得自己失败。

你在家孝敬父母认真工作，本来安之若素，却因为听说朋友赋闲在家也能轻而易举"发上一笔"，你觉得自己失败。

有人说，我们能接受一个不熟悉的人大获成功，却无法接受身边的朋友飞黄腾达。其实倒也不是我们对朋友狭隘，而是我们难以接受与熟络之人比较带来的不平衡。

这种比较，让我们狭隘，不幸福，更让我们不安，怀疑自己的付出，不满自己的所得。

其实人生本就无须比较。

放弃那些毫无价值的比较，我们也可以少些不安。作为朋友，你不好我愿意帮助你，你好了，我也高兴。我们可以多一些心安和快乐。

[既然无法摆脱不安，那就用热情点燃它]

认真做事的人，没有精力胡思乱想。我们之所以会越努力，越不安，是因为我们太过经常质疑自己的努力是否具有价值。

少思考究竟什么算是努力，少乱想自己的努力得到回报与否，少考虑如何成功，先去做个有价值的人，全力做好眼前的事情，别再想那些我们完全无法预料的以后。

刚刚进入职场时，我常能遇见这样的一群人，他们资历老道但是能力不高，无论遇见任何事情第一反应就是否定，之后就是忆当年。

就像是这样："年轻人，事情哪有那么容易，怎么可以能成功呢？我当年像你一样充满热情，可如今不也就这个样子。"

每当遇到这样的人，我都会很同情他们。并不是说同情他们能力不高与事业不大，我同情的是他们被时光蹉跎了热情。

只要你不放弃，就永远没有失败。

既然努力带来的不安无法摆脱，那就用热情去点燃它。我希望有一天我成为八九十岁的老人，还能被人说一句哪来的老头跟年轻人一样有活力。

工作吧，像不需要金钱一样

生活吧，就像今天是末日一样

去爱吧，就像不曾受过伤一样

无论发生什么，我们除了努力别无选择。

$$
\begin{bmatrix}
\text{谁都一样，}\\
\text{没有付出就没有回报}
\end{bmatrix}
$$

［ 1 ］

周末的时候，我还是像往常一样坐在书桌前忙活着。

儿子一个人搬来一堆书搁在我的桌子边上。

我问他干吗呢，又抱这么多书来。

小家伙眨巴着眼睛对我说："你不是说要我努力多读书吗？我今天要把这些书都读完。"

"好吧，努力开动！"

我已经从这个马上四岁的孩子身上看到了我对他的影响。

因为我一直希望他能够在学习上认真努力。

我想他能坚持下去，在应该学习的时候努力学习，将来的他肯定会跟我说一声谢谢。

我见过无数的人在读书的时候任着性子玩乐，而出了校门，一次又一次被社会"折磨"。

所以，让孩子努力学习，是对他的爱。

而放任不管终会害了孩子。

[2]

前段时间，老奶奶生日，很早以前就约好一起聚餐，但是有一个表妹差点来不了。她常是缺席的那一个。

因为家境一般，父母在她很小的时候就外出打工，她自己在老家留守，熬到了初中毕业就跟着父母来城里打工，四处吃了不少苦，几年做下来，从这个饭店的服务员做到另外一个饭店的服务员。

所以当大家吃饭的时候，她得上班。加之性格比较怯弱，假也不敢请。

幸好她姐姐帮忙请假才得以脱身赴这个家宴。

她的姐姐就属于那种努力学习的，虽然读的是会计中专，但毕业后经过几年的实习，又坚持自学考试，拥有了一份体面的工作，有一个发展的平台。

我们在一起聊天。她俩对自己人生的计划就完成不同。姐姐有方向有目标，觉得自己能够通过努力学习，到达新的层次。

但做服务员的表妹就看不到自己的未来，她操心的是自己能在这个地方待多久，下一次去哪里找一份事做。而在她刚刚出来的时候，我还是给她找了一所学校，建议她去读几年书。可是她去了三天就办理了退学。

因为她第一次去一个陌生的学校，适应不了，吵着要回家。结果本来就不是很情愿送她上学的妈妈就把她接了回去。如今看到她这般情况，也只能希望她可以得到生活的善待。

[3]

我一直感谢自己的高中班主任，她曾跟我说，你一定要努力考上大学，记住，千万不要对命运低头。

当时听得懵懵懂懂，只是觉得老师说得很认真，是为了我好。

所以读书的时候还是很拼，可惜英语底子太薄，最后考了一个非常普通的大学。

家里当时有人就劝我说不要读了，说北大毕业都不分配工作，你读这么一个学校，进去就是浪费钱。不如去打几年工吧，还能挣钱，到时建个房子，娶个老婆，生个孩子就好。

但是我一直记得老师的话，自己也不甘心放弃。我坚定地选择了继续读书，一个人拿着行囊去了学校，告诉自己，机会来之不易，一定要珍惜。当时进学校的时候在班上分数居中，智力平平，能力一般。但是经过一年的努力，成绩进入专业前三，拿到了丰厚的奖学金，那时候学费都是东拼西凑借来的，要知这钱对我来说就是救命钱。看到我的努力，所有人都理解并且想办法支持我了。

也许只有经历过这种苦难的人才会明白学习的来之不易。

而只有经历了这番努力过后的人才能尝到回报。

就在前一段时间，几个老友聚会，大家没有彼此吹嘘如何如何。

但是茶余饭后，还是谈到彼此的生活。

有一个当年读高中的时候"叱咤风云"的朋友是最沉默的，因为当年他在学校时就是天天跟着一帮子混混过日子，呼风唤雨，嘲笑我们这些读书的呆子。

然而多年后，他在南方的工厂做了几年，因为吃不了苦，没有加班的话，挣的钱没有花的钱多。最后要爸妈打了400块钱路费过去才回了家。回家之后，托了好几层关系找了一份厂矿的工作，很苦很累，有师傅还在开机器的时候切断手指。

但是他不敢再任性地丢掉这只饭碗。因为繁重的劳动，他的背已经有点弓，手粗糙。他看上去比实际年龄要大不少。

看着他被岁月风霜洗过的脸，早已没有了当年的朝气。

谈及当年，他只能痛饮几杯烈酒，不多言语了。

我问他累不累。他说不累。

很多东西，只有经过时间的沉淀才能看出价值。

比如一个人努力，往往在当下只会看到汗水。

但是等积累到了一定的时候，就会发现人生早已不同。

[4]

看着家里务农的父母，他们朴实地劳作着，期待子女能够平平安安，能够有一份有尊严的工作，能够有一个温馨的家庭。

在工作上一切还得靠自己的双手去打拼，用自己的努力，让父母过上更好的生活。

所以当儿子能够完整地背诵一大篇《三字经》的时候，我不会想夸他聪明，而是告诉他，要继续努力。

当他觉得数学太难的时候，我鼓励他一遍一遍地演算，慢慢去弄懂，因为学习不是开玩笑，懂了就是懂了，没懂就得弄懂。

儿子问什么要努力学习。我说你将来能看到更大的世界，他不懂世界到底有多大。

很多孩子说，看你们上班很轻松，我们读书太累了。那是孩子没有看到上班的辛苦。多年后，踏入社会，几乎所有的人都会怀念当年的校园生活。

我们要让孩子明白：我不期望你考第一，但是你不能不努力学习。学习

［成功，需要行动和坚持］

是一件非常认真的事情，只有真正在学习上肯钻研的人才能让自己的梦想到达更远的地方。

　　未来的自己是什么样子，取决于今天的自己够不够努力学习。一切的成就都要靠一步一步走过来。

　　不付出就没有回报，没有谁能例外。

坚持是你唯一的捷径

1986年8月，她出生在吉林的一个普通家庭。小时候的她非常顽皮，经常像男孩子一样爬墙、上房。因为贪玩，10岁那年，她被父母送到体校练习滑冰，本想这样可以让她的玩心收敛一些。可没想到的是，她依然视滑冰为游戏，不仅教练为她操碎了心，也致使她没有在体育生涯的初期出成绩。

看着队友们出成绩，她心里是黯淡的，退役的想法随时会冲破她心里的最后一道防线。然而，随着年龄的增长，她的心里迸发出一股不服输的气焰。她突然像变了一个人一样，性格内向了许多，总是一个人默默地研究技术动作，研究如何提高速度，当然也梦想着有一天能登上世界最高领奖台。

通过不懈努力，2008年，她入选了国家队。离梦想更近了一步，她告诉自己，要坚持、要努力。果然，在当年的亚锦赛上，她击败了韩国夺冠呼声最高的选手赵海丽，一举夺得了短道速滑女子1000米比赛的金牌。这是她练习滑冰12年以来，收入的第一枚沉甸甸的金牌。她一下子成为那届亚锦赛的明星，所有人包括她自己，都认为她已经迎来了自己职业生涯的巅峰期，她也在期许下一枚金牌，甚至是冬奥会的金牌。但让所有人失望的是，她的稳定性不够，不能承受国家队的训练强度，又被退回了省队。

从国家队回到省队，这样的心里落差很容易打败一个人。她为此伤心不已，但她不相信自己的职业生涯会如烟花一般散去，心中有一团燃烧的火焰在告诉她，要通过自己的努力再次证明自己。她重新整理心情，以积极的状态投

[成功，需要行动和坚持]

入到训练中。

2011年，她以最佳的竞技状态被主教练李琰重新召入国家队。此时，她没有欣喜若狂，而是脚踏实地练好每个动作。她暗暗告诫自己，重回国家队是对自己付出的努力的回报，自己一定要戒骄戒躁，绝对不能重蹈覆辙。此后两年，她先后在世界大学生冬季运动会上获得女子1500米季军、世界杯蒙特利尔站女子1000米季军、世界杯俄罗斯站女子1000米第一次计时赛季军。2012年的短道速滑世锦赛上，她拿到了1500米冠军、个人全能冠军和1000米亚军，凭借这一系列的出色表现，她稳坐中国队主力的位置。

2014年，距索契冬奥会开幕不到一个月时，肩负夺金重任的队友王濛在训练时不慎摔伤，她临危受命。但作为一名中长距离的选手，参加500米短道速滑的比赛，也仅仅是为队友范可新和刘秋宏保驾护航。即使是个替补，她也毫不轻视。接到通知后，她一直苦练500米，并不停地回想着王濛反复叮嘱她比赛中要注意的细节。

预赛和1/4决赛，她都以小组第二的身份成功晋级。半决赛时，她与队友范可新和刘秋宏同组。没想到范可新意外失误，刘秋宏又遇冲刺不利，她利用后程发力的自身优势，一个人挺进了决赛。这个结果让中国队的夺金前景一下子暗淡下来，可在她的心里，却有一个声音不断地在告诉自己，一定要战胜自我，赢了自己也就赢了全世界。

决赛开始前，没有人对她抱有希望。依照半决赛的成绩，她被排在最外道。比赛第一枪，韩国选手抢跑。重新开始后，选手们像离弦的箭一样，个个冲在了她的前面，她按照教练的安排，只是跟滑，当时在4名选手中排在最后。按照计划，她应该在后半程发力，可还没等她发力，奇迹出现了，两位外国选手意外摔出跑道，又连带干扰了另一位选手，一瞬间，原本领先的三名选手接连倒地，而紧随其后的她，愣是凭借着良好的心理素质，平稳地从她们身边滑过，确立了绝对领先的优势。

　　她就像一朵绚丽的花，瞬间绽放。第一次参加冬奥会，却将女子500米短道速滑的金牌收入囊中，她不仅获得了中国代表团在本届冬奥会上的首枚金牌，同时也实现了短道速滑女子500米冬奥会的"四连冠"。她的名字叫李坚柔，在温柔中坚持，在坚持中绽放。赛后，质疑这场"一个人的比赛"的呼声一浪高过一浪，有记者采访时，李坚柔说："这种奇迹并不是纯粹的运气，假如不具备实力被中国队委以重任，以顶替王濛退赛空下的位置；假如不是从预赛、复赛到半决赛一路闯关成功，这个奇迹也不可能在自己身上出现。没有努力，就没有奇迹。"

　　天道酬勤，机会永远都是留给有准备的人。奥运赛场上风云变幻，有意外也有奇迹，唯一不变的是曾经付出的努力。这就像人生一样，没有谁能一帆风顺，没有哪个奇迹是凭空而来的，只要坚持和努力地把事情做到极致，也许奇迹就会出现在下一个转身处。

成功，
需要自律和自信

从现在、此刻就开始改变，

千万别懒，别拖延，别逃避，

别给自己找借口！

想要对自己的人生负责，
你更需要自律

我辞职后，很多朋友说羡慕我现在的生活状态，无拘无束，没人管，想干什么就干什么，晚上想玩到几点就玩到几点，早上想睡到几点就睡到几点，自由自在。

但同时有人说，换了他们辞职在家，肯定每天玩，一点效率也没有。

我能想象那种生活，就跟我大学时候周末放假一样：前一天晚上，打游戏或者看电影到凌晨，上床了还要玩手机，睡到第二天中午，叫外卖，一边玩电脑一边吃，下午宅在寝室接着玩，或者约了同学出去玩，晚上接着打游戏，一天就这么过去了，不知不觉。

生活最大的意义就在于，刷副本的时候打出了什么极品装备，有什么极品属性，倍有成就感，在网上四处招摇，跟人显摆。

就算老师布置了作业，也是拖到最后一天，找同学这边抄抄那边抄抄，敷衍了事，马虎交差，混个及格就行。在大三找实习之前，我上大学就是在混日子，等毕业，全无效率可言。

那时候好歹要交作业，要考试，有学校老师作监督；在家自由职业，全无外人监督，要是没点自律，还怎么过？每天都要荒废掉。整日打游戏，吃外卖，看视频。一天不知不觉就过去了，天黑了，大家都下班回家，而你什么也没干，第二天依旧如此，混日子。

我认识好几个自由职业者，就这么荒废了一两年，陷入死循环，不能自拔，偶尔劝几句，自己也反省说明天不能这样了，要振作，要干事。但明天还是这样。

我也认识一些极其自律、高效工作、劳逸结合的自由职业者。我把自由职业者在生活上的类似之处整理出来，分享给大家，希望对渴望自由职业生活的朋友们有所帮助。

[1]

首先是规律的作息，早起早睡。这是最基本的，最关键的。这个做不好，其他很难说。一天之计在于晨，你睡到日上三竿，吃了午饭又觉得困倦，玩会儿电脑，看会儿搞笑视频，不知不觉就晚上了，能有什么效率？别指望深夜效率高，就那么几个小时，搞不好你又要玩掉；而且长期熬夜对身体也不好，来日方长，健康第一。

在大学的时候，学校寝室十一点断电断网，但还是习惯性地拖到十二点才睡。年轻人嘛，都有晚睡综合征。工作后也差不多。辞职后，渐渐养成习惯，逼着自己十点半左右上床，第二天八点左右起床。起初睡不着，躺在床上胡思乱想，但后来也习惯了。我睡眠很浅，容易醒，说是躺在床上九个小时，顶多六七个小时在睡，另外有两三个小时只是在休息。

这种休息很有好处，从前起床后头昏脑涨，刷牙时候都在打盹，感觉睡得不踏实；现在早上醒来，很精神，脑子很清醒，吃过早饭立马就能投入工作。

我八点起床成了习惯，就算偶尔前一天晚上跟朋友出去玩，很晚才睡，第二天早上也没办法睡懒觉，八点就要醒，生物钟固定了，睡不着。我已经很多年没体验过睡懒觉的滋味，想必以后也没机会。

朋友圈有固定早起的朋友，有的五点，有的六点，每天打卡。我欣赏他们的自律，只觉得太早了，我吃不消。建议最晚也要在九点前醒，一定要吃早饭，且有固定的作息时间。这样对身体好，对一天的计划安排也有益处，不会乱。

能坚持早睡早起，固定作息的人，都是有极强自制力的人，生活更有计划和规律。所以，早睡早起，规律作息，是自律生活的第一步。

[2]

自由职业，不上班，不代表不做事。由于没有稳定的收入来源，反而会更有工作压力。保持稳定而积极的工作热情，每天做事，比如对我来说，每天写作，是必需的。从前在公司干活都是敷衍了事，现在辞职在家，干自己的事业，倍有激情，常常一有什么想法，立马记下来。

便签是个好东西。记在便签上、纸条上，贴在墙上。不时看看，提醒自己。计划要干的事，一样一样列出来，做完的，划掉，看还有哪些要做的，按紧要程度排个顺序。便签确实能提高很多效率，不至于遗忘重要事项，也不至于不知道接下来要干什么，是克服惰性和拖延症的好办法。

除了查资料和联系人，不时地断网、关手机是很有必要的。不然很容易刷着刷着，聊着聊着，半天就过去了，要吃饭了，而你什么都没干。劳逸结合很重要，但是，该工作的时候就工作，要保证效率。如果有自己的小房间，关门关窗关手机，安安静静，专注于工作，不被外界环境打搅，那最好不过。如果周边有图书馆，一定要去。之前住三林，我常去浦东图书馆，效率非常高。

[3]

保持阅读量。很多人说："我没时间看书。"他们却有很多时间看电影，唱歌，喝酒，旅游。这都是借口，是懒惰的借口。对于我们写作的，阅读很重要，能提升文笔，刺激灵感。对于其他自由职业者来说，同样重要。在家工作，少了培训和交流的机会，书籍，尤其一些专业类的指导书籍，是提升技能的最佳方式。有持续的知识输入，才能保障稳定的知识产出。思而不学，空想主义，是干不出事来的。

从前上班有借口说没时间读书，现在自由职业，整天在家，你还有什么借口？忙到连自我提升的时间也没有吗？磨刀不误砍柴工。要养成阅读的习惯，即便出门在外，挤地铁的时候也可以看看啊。现在电子书这么发达。而且一天到晚做事情也很累的，阅读可以作为精神上的调节，偶尔涉猎别的书籍，也许能触类旁通，再不济，长长见识也是好的。

[4]

锻炼身体很有必要。长期在家办公，一天到晚坐在电脑桌前，少走动，少与人交流，会导致身体状况变差，精神状况也不好。刚辞职的那段时间，我每天在家看书写稿，脊椎痛，眼睛痛，同时精神萎靡，郁郁不振，见了朋友，话都不会说，非常阴沉。

后来养成习惯，每天出门骑车一小时，在附近小区转转，塞着耳机听听歌，跟着节奏抖抖肩膀，扭动摇摆，看看路边来往的男女老少，精神状况明显不一样。来回一趟，出了汗，身体在燃烧，感觉很有精神，神清气爽。

后来开始锻炼，从起初的俯卧撑，只能做三五个，到后来买了哑铃，做卧推和深蹲。每天下午抽出一个小时左右来锻炼。肌肉酸胀的同时，感觉整个身体都苏醒了，不像从前昏昏沉沉，了无生趣。到现在，无论在身体上，还是在精神上，明显感觉比从前有活力，有斗志，有激情。饭量大了，胸肌也大了。

虽然热爱写作，但我不喜欢文弱书生，我喜欢海明威的硬汉形象。健康第一，无论为了身体，还是为了精神状态，锻炼都是很有必要的。认识好几个朋友，都是通过锻炼身体改善了精神状态，身体的燃烧使得整个人的精神面貌都有了本质的提升，更自信，更热情。工作也更投入。

[5]

适当娱乐。我一直提倡劳逸结合，工作的时候就认真工作，玩的时候就尽兴地玩，这样才有效率，良性循环。上课的时候不好好听课，开小差，打瞌睡，回头放假了再去花大价钱上补习班，有什么意思呢？我不懂这种学习方式。

我时常在周末喊几个朋友去酒吧喝酒，从前我喜欢唱歌，可惜我的朋友们都不爱唱，我一个麦霸也没劲。但总要有个娱乐方式啊，就改喝酒了。不管酒量好不好，多少都能喝点。我是什么时候都能去喝酒的，只是朋友们都有正常工作，做五休二，得迁就他们。

礼拜六晚上，酒吧桌台上，昏暗的灯光下，吵闹的舞曲乐，彼此大声问候最近的工作、情感，聊聊天，说说笑，喝喝酒，当是发泄工作的压抑。一个礼拜七天，每天都在工作，太无味了，就算是自己喜欢的事业，也太压抑，需要释放。

对我来说，喝酒是最佳途径。回头第二天醒过酒了，拼命喝水，休息半天，继续投入新一轮的工作，阅读，写作，锻炼。

从前在公司，要干什么都是上司安排好的，你按部就班去做就行。自由职业不同，自己就是老板，下达命令，自己也是员工，执行任务。要干什么，你得有计划；要去做了，你得有执行力；要有良性循环，你就得自律。什么时候该工作，什么时候该放松一下，都得有考量，不能太压抑，也不能太放纵。

自己的人生自己要负责，这话说给每个自由职业者听，最适合不过。不要辞职一年了，说是创业，结果什么也没干，白白荒废大好的光阴。要自律。

自信的人
往往自带气场

[1]

我有一个可爱的小学弟，今年读高二。他说，自己不擅长和别人交流，就算是和熟悉的人对话，说不了多久也会没话可讲。和人聊天，他总是找不到共同话题。

其实，他不是真的没话讲，他有自己的兴趣爱好。拿其中一项来说吧，他很喜欢看动画片。但是，身边的长辈总会对此嗤之以鼻。后来，他就不愿意提起这个爱好了，因为他感觉很丢脸，会让别人觉得自己很幼稚。

他最喜欢看的动画片是《海贼王》。听他说完后，二十八岁的我赶紧把正在播放的《海绵宝宝》给关了。

他说自己每次和陌生人搭话手心都会冒汗，说话颤抖，有时候还会咬着自己的嘴唇，不敢看着别人的眼睛，一直低着头。去公开场合演讲或者做自我介绍，简直要了他的命。他会一直发抖，紧张到语无伦次，他形容那种感觉，就像是上刀山一样壮烈。

他问我，要怎样才能变得自信一点？我很能理解他，毕竟我也有过。我花了很长时间回答他的问题，因为要思考很久。最后，我终于给出了一个让双方都满意的答案。那就是：自信强大是一个结果，而不是原因。

[2]

16岁那年，是我人生最灰暗的时期。由于我只顾着上网打游戏，学习成绩一落千丈，老师和长辈们对我都很失望。

上课时间我总是在睡觉，下课的时候也不爱和同学说话。于是，我混不进任何圈子，找不到任何帮手——成绩好的不带我玩，成绩不好喜欢玩的又总是欺负我。

感觉糟透了！我把生活中遇到的不爽全部发泄在了游戏上。我跑到游戏厅，找技术不好的人挑战，在网络游戏里疯狂厮杀，忽然觉得心情舒坦了不少。

回到现实中，我还是继续被欺负，被罚跑操场，被遣送回家。我开始顶撞老师，向一些不那么厉害的同学还击，还学别人抽烟。在网上看一些犯罪类的电影，学习人家黑社会老大的坐姿和说话方式；练习他们恶狠狠的眼神；学习他们的穿衣风格，故意把牛仔裤划出破洞；甚至半夜，跑到街上大喊大叫。

当我以为自己变得很厉害的时候，我在一条小巷子里被三个低年级的学生打劫了。我的勇气，我的强大，我的信心，一下子全没了。

长大后我才慢慢发现，原来一个人的自信和强大，完全不是靠模仿，或者是研究一种叫作"气场"的东西之后，就会形成的。

[3]

我有一个朋友，是公司的业务员。有一次为了投标的事情，他陪着老板去了一个饭局。老板告诉他，桌上的都是关键人物，让他注意点分寸。

饭局上，老板一直在给关键人物发烟递酒。朋友坐在一旁，没说什么话，有时候吃菜，有时候只顾着玩手机。等到一个关键人物和他喝酒的时候，他不卑不亢，眼睛看着对方，轻轻地笑了笑，然后把酒喝了下去。

再一次见面的时候，那人直接邀请朋友去了办公室，他说："我看出了你才是真正的老板，那个只顾着发烟的人应该是你的业务员吧。"朋友心中窃喜，但是没有说出来。

那个人说朋友有大将风范，在饭局之前应该是知道自己身份的，还能做到不卑不亢，一定是个有魄力的人，所以把业务交给他很放心。

最后，这个标被朋友所在的公司拿了下来。

[4]

第一次找工作的时候，我也和文章开头的小学弟一样，手心冒汗，浑身发抖，被老板问了几句就紧张到说不出话，结果当然是被拒绝了。

而今年年初，我去一家理财公司应聘时，由于表现得太过自信和淡定，被老板怀疑为暗访的，在我离开时，要求我把写下的东西撕掉。其实，我只是做好了自己，说明了自己的优势，说出了想要的薪资。关于工作方面的事情，全部都是有话直说。

我有个朋友，她说很多人能力行不行，光看谈吐就可以判断。去应聘不是去给人当仆人，越是不卑不亢，越会多点机会。

所以，想要变得自信强大，就更看重自己吧。谁都可以看不起你，但是你不可以看不起自己。就算你多了八块腹肌，资产上亿，身高二米，你也不一定会变得强大。就算你个子不高，穿着朴素，并不富裕，你也可以是最好的自己。

真正的自信和强大，来自你的内心。

［ 接受
独处的自己 ］

［ 1 ］

舟舟和我们说起男友的时候，原本灿烂的脸上闪过一丝忧伤，而后，便是长久沉默。

她搅着手里浓郁的咖啡，眉眼低垂，什么也没说，只是嘴角微微上扬。

心情就随着咖啡好看的弧度沉淀。

半年前，舟舟在朋友聚会上认识了一个男生，高高瘦瘦的，礼貌而有分寸，干净和舒服，一眼就把她钉得牢牢的。这以后，两人一来二去，从工作生活聊到奇闻佚事，期间舟舟约过男生好几次，男生从不拒绝。

话也说了，饭也吃了，两人聊天也从不觉闷，约完会，男生绅士地帮舟舟叫车，笑着说，下次见。舟舟微笑回应，关上了车门。

别过之后，说不出落寞还是难过，看着城市夜晚一闪而过的街灯，舟舟的心里期待又沉默。

就这样经过大半月挣扎，一次吃饭后，舟舟终于鼓起勇气对男生袒露了心意。男生先是一愣，接着笑了。那时候，舟舟的心提到了嗓子眼，脸比平时红了好几倍，尴尬、困窘随之而来，一瞬间快要把她淹没。

晚风温柔吹动她的裙摆，夏天的夜里，浪漫甜蜜在空气中弥漫。

差不多走过一条街，男生抬起了眼，"其实，我觉得你不错，咱们可以试试。"

后来，舟舟回家挨个给我们打电话，激动得又哭又笑，说自己终于找到了男朋友。

[2]

就这样，舟舟恋爱了。

差不多是恋爱的第二个月，毫无察觉的我接到了她的电话。电话里，她声音嘶哑，不时咳嗽，说感冒了。

我立刻赶了过去，当看到虚弱的舟舟倒在沙发，立马丢下包：你家男人呢？

她看着我，仿佛用尽力气地说：在公司做项目，没事，我没大病，自己吃药熬过去就好。

于是我给她倒了杯热水，扶她起身。

看着她慢慢喝下热水，我的心竟有些疼，那个她爱得至死不休的男人在她最需要的时候，连杯热水也无法给予。

或许舟舟一直在为他和自己找借口。每次我们问起，你男友呢。她搓着手，眼神闪躲，故作轻松地说他快升职了，公司也计划上市，特别忙。

忙到连和你吃个饭，打个电话的时间都没有吗？

而现在，舟舟扶着额头，斜躺在沙发，气若游丝，那一刻，不知道为什么，我竟对这份感情没有了信心。

也许，女人的直觉总在不言不语中碰触了真相。

[3]

想起大学好友小哲，一个北方阳光大男孩。

大学最好的时光为一个女孩火力全开，毕业后，不顾家里的反对执意留在女方的城市，他放弃了父母给他的铁饭碗。开始的时候，小哲除了正常上班，晚上还去快餐店兼职，我问他为什么这么拼，他只是凝视我，说想让深爱的人看到希望。

"想快一点在这个城市安下家，给她一个家。"那时候，我才发觉眼前的男孩真的长大了。

其实回想这一切，都有迹可循。记得当时，一同喝酒，他总说，喝完这杯就回去了，不想让女友担心。在座的男生无一不说他怂，他温和地笑：不跟你们闹，她可比任何人任何事都重要啊。

除了将女友时时刻刻放在心上，他对其他女孩也很有原则。

小哲说，篮球场上送水递毛巾的真不少，追自己的姑娘他心里也有数。可朋友归朋友，恋人是恋人，对于喜欢自己的，他从不给一点希望，因为心里已经有了十二分在意的人。

我们总打趣，你女朋友找了你真的很幸福啊。他摇摇头，说自己遇见她才是上天的恩赐。

后来，小哲做了快餐行业，由于服务周到，口碑特好，三个月就发展起来。今年，他们终于结婚了。

婚礼上，小哲牵着爱人的手，几度哽咽，说着他多年的愧疚，希望父母再给他们多一点时间。

两代人泪如雨下，内心动荡，多年的真情与原谅都来之不易。

［4］

以前和男友在一起，一直奉行一个准则：一方若是不爱对方了，就分手，而不要互相拖拽。

或许走过了那么多路后，我不由觉得，感情是这世上最没有定数的一件事。从开始的相识、相交、相处到此后婚姻，爱情的延续，所有的这一切都是一种磨损，都需要双方不断地坚定，忍耐和修护。

我们早已过了耳听爱情的年纪，更何况，有些爱情连听都听不到。

说会陪你却并不在你身边，这不是爱；说想你却并无任何音讯的，这不是爱；说找你却迟迟抵达不了的，这不是爱。

一段破碎的感情中，比失恋更可怕的，是一个女人的希望被耗尽，此后失去爱一个人的能力。

［5］

恋爱中最孤独的状态，是两人在一起，心却不在对方身上，貌合神离地走在人群中。

你在"红楼"，他在"西游"。那样的恋爱，只是表演。演给全世界看，却唯独骗不了自己。

你总以为两个人在一起，就可以驱解寂寞，可到头来才发现寂寞还是只有自己排解。

就像《柔软》里的女医生说：我们这一生遇见爱，遇见性，都不稀罕，稀罕的是遇见了解。

若不能谈一场走进心灵的恋爱，只是有那么个人在身边陪伴，多少还是无用。毕竟我们最后爱上的，一定是那份来自灵魂深处的光芒。

成熟的恋人之间，相处会分外轻松，爱，就坦坦荡荡地爱，不爱了，也大大方方地走。

这大概就是，我一个人真的可以很好，但我若能遇上互相懂得的人，定会好好珍惜。

[6]

后来舟舟与男友分手了。她说自己不过是放下了一个错的人，而后就在这孤独的岁月中修炼，于寂静中吸取养分，积攒能量，有朝一日，必能再次绽放。

我忽然觉得，那时的她，不蔓不枝，比之前处处维护男友的样子实在美丽太多。一个人并不等于孤单。

自己也可以旅游，也可以赏花，也可以试着独处和精彩。

高质量的独处，是内外兼修。不必时刻盛装打扮，只是遵从内心，释放压力，在繁忙的生活里，买一束花放在书房，让它兀自开放。又或者，精心烹调一份喜爱的食物，吃得健康，拥有活力。

对待生活，饱满而热情。对待自我，庄重而清透。

爱，不是生活的全部，它只是烟火人间里锦上添花的美艳。若有，此生无憾，若没有，不如珍视自我，从爱上自己出发，再去学会爱别人。

成功者需要
强大的自制力

[1]

很多读者来问我："那到底怎样才能提升自制力？"

我跑去问我认识的学霸阿星，工科男，在我看来他是那种对什么事情都非常有规划的人，自制力极强，每次看到他，我脑海里联想的都是《生活大爆炸》里的谢耳朵。

他皱皱眉头，说："我从来不觉得自制力是个困扰，当你明确你要做的事情，你真的开始去做了，就算解决了自制力的一大半问题。"

我恍然大悟！他的话道出一个真相：以很多人的不努力程度根本还轮不到谈自制力，因为他们根本都没开始去做，他们的迷茫大部分都源于自己的懒惰。

你本来计划要复习，可是，你玩完手机游戏，又跟闺密出去逛街，晚上玩累了回来，想到还没看的书，心情沮丧地说："歇会儿再看吧。"拿起手机继续刷微博，看到惊天大八卦，你尖叫地和朋友们议论起来……直到宿舍熄灯，你也没翻开从早上就搁在书桌上的课本。

一件事你如果不去开始，就会被永远搁置，你期待的目标就永远都抵达不了。

怎么开始？从小事做起，哪怕从很微小的开始，来培养你的自制力。要看的书，无论如何静下心来看几十页；想减肥，无论如何去一次游泳馆和健身房；想要做的项目调查，先从最简单的问卷开始……只要开始做了，只要你是真心想做这件事，你就会慢慢做下去，渐入佳境。

[2]

不犯懒了，有的人恐怕又会走到另一个极端，给自己制订吓死人又完不成的计划。

这点我深有体会。

高三我曾给自己制订了超级详细的时间规划表。从早上六点半睁眼醒来，一直到晚上十二点睡，排得满满当当，中间除去吃饭、休息、上厕所的时间，连上学、放学的路上时间都不放过……制订完后，我还特别扬扬得意，以为时间尽握手心。

事实上那份时间规划表我一天也没完成。第一天差一点，第二天差更多，第三天简直没有勇气执行下去，因为根本就不合理，看似十多个小时的时间规划，实际执行起来，远远超过20多个小时……

一份无效的计划表是不可能有效指导你完成目标的，甚至还会挫伤你的积极性。

那么，一份可执行的计划方案到底要怎么制订？首先目标要明确，时间管理的结果是为了完成你要做的事儿。然后客观地细化你的时间安排，依据各人的具体情况来定，重点是可操作性，不要太苛刻，目标不要太高，任务不要太重。

另外，时间不要划分太细碎，明确自己学习效率最高、意志力最强的时间段，划分出整块时间，用来做你最想做的或比较难的事。拿我自己举例，我制订的学习计划是一天在扇贝上背100个单词，通常耗时要一个小时左右，以往我总是安排在睡前做这件事。结果越背越催眠，背单词本就需要高度集中注意力，但工作了一天，我已经很疲惫了，做不到啊！后来，我把背单词的时间调整到早上，那正是一天精力最充沛、记忆力最好的时段，充分利用上班路上的时间，刚好差不多也要一个小时左右，用来背单词简直再合适不过了。

[3]

如果觉得自己一个人自制力弱，实在抗拒不了各种诱惑，忍不住会分神，那我建议你寻求外力的帮助，给自己找一个同伴，彼此互相监督，但前提是这个人的自制力一定要比你强。

考研的同学大都有这样的经历。自己一个人复习，未必能坚持得住天天去图书馆，但如果多找一个人和自己结伴复习，效果就不一样。榜样的效果就是，当你做不到的时候，看看别人是怎么做到的。就算你面临诱惑，忍不住想开小差的时候，你的榜样也会非常有经验地告诉你该如何抵制诱惑，你的自制力将得到极大的提升。

寻求外力的帮助，还可以给自己预设一个受到约束的环境。

有读者分享了她的经验：她是一个舞者，本应该从90斤瘦到80斤，但因为她是个超级大吃货，减这10斤简直比登天还难，看见比她瘦的同学开怀大吃，她根本就忍不住。后来男女双人舞，有托举的动作，因为自己太重，舞伴抱起非常吃力，由此她产生了强烈的负罪感。因为自己的贪吃，而给别人带去巨大的负担，还影响双人舞的效果。每当她忍不住想吃零食时，就会告诫自己不要再拖累舞伴。这个办法奏效了，三个月后她成功瘦身。

[4]

很多时候，面对诱惑，我们都过高地估计了自己掌控局面的能力，比如

"一心二用"。

就像你正在填数据报表，忽然觉得嘴馋，于是随手撕开一包零食吃了起来；再比如，你翻开要看的图书资料，然后习惯性地把耳机插上，一边认真做笔记，一边还忍不住跟着音乐哼了起来……结果呢，当你做错表格的时候，当你听音乐听得动情忍不住找那个歌手的其他专辑，任由时间溜过去的时候，是不是也反省过下次不要一心二用了？

我们被别的事情诱惑，看上去好像很享受很开心，但实际上我们心里还记挂着手头没有完成的事，我们并没有想象中的快乐。

心理学家曾经做过一个实验：从幼儿园找了一群可爱的小孩，给他们每人一颗诱人的糖果。然后实验者许诺，如果孩子在他离开后，能一直忍住不吃这颗糖果，就会在回来的时候再多奖励他们一颗糖果。结果是，只有少数孩子抵制住了眼前糖果的诱惑。而多年后，实验者回访，惊讶地发现，当初忍住诱惑得到两颗糖果的孩子，不仅学习成绩更好，而且在应对压力、自控方面也表现得非常棒。这就是非常有名的"延迟满足"的实验。

所以当你想拿起手机刷微博，想看电视剧的时候，让自己"延迟满足"，先集中精力把该做的事做完，再去玩乐，好过玩耍之后，再来后悔事情没做完。心无旁骛地干活，心无旁骛地玩耍，一举两得，何乐不为？

[5]

看着那些堆积如山没有完成的事，想到最后期限一天天逼近，你内心涌起深深的自责，怪自己一无是处；你无比焦虑和痛苦，你觉得自己的人生无望了，那么想要去做的事情，那么喜欢去做的事情，原来自己一件都办不好，太失败了，这样的自己有什么资格谈梦想和未来？你陷入巨大的负面情绪里，辗转难眠，你怕自己一辈子注定是个失败者。

负面评价会让我们陷入更可怕的失控，其实事情远没有那么可怕，及时调整心态，任何时候从现在开始，都比未来的任何一刻更早。一次失控，不要引发太久的失控。这个时候，可以安慰自己，反正昨天已经浪费掉了，明天还是新的一天，还可以重新开始。

其实除了自责，我们更应该静下心来好好反思，究竟是什么原因让我们逃避、不愿意去做本该做的事情，找到内心抗拒的真正原因，才能有效地预防下一次自制力的失控。

写到这里，忽然想起前天有个读者的留言，他说："看了你的文章，如果我不去改变，是不是意味着对我一点用都没有？"

我不知道该怎么回答他，就像那句话说的："为什么道理听了那么多，还是过不好这一生？"因为，经验是别人的，你却没有用在自己的人生上。

所以，如何快速有效地提升自制力？真没你想的那么难，重点是从现在、此刻就开始改变，千万别懒，别拖延，别逃避，别给自己找借口！

最可悲的人生，莫过于一边信誓旦旦又一边懊悔不已。愿你的努力不再只是"看上去很努力"而已，愿你的付出终将配得上你的梦想。

勤奋的时间都不够，
哪有时间去焦虑

[1]

我的闹钟一直定的是早上六点，但每次闹钟响了以后，我都要赖一会儿床。有时赖半小时，有时赖一个小时。

其实，本来只想赖几分钟的，可是常常一不小心就睡着了。一闭眼一睁眼，一个小时就过去了。

前段时间特别累，所以就很期待假期，幻想着假期一定睡到自然醒，再也不要带着睡意起床，意识模糊地洗脸刷牙吃饭了。

假期倒是如期而至，赶紧把闹铃撤销，晚上也玩得舍不得睡。本想着，第二天睡个天昏地暗，奇怪的是，第二天的太阳还没升起来，我就睁开了双眼。摸出手机一看，不到六点。

时间还早呢，多睡会儿。可是翻来覆去，就是睡不着。以前赖个床就能赖一个小时，现在十分钟都躺不住了。

时间真是太难熬了，只得爬起来，看微信，练声音，回复几个留言。

不知不觉，一两个小时就过去了。

放下手机时，还恋恋不舍，嘴里嘀咕：咋那么快呀，已经八点半了？

这就是我的假期早晨。

其实，整个假期也不长，不过七天而已，我只在外面玩了六天。但是这六天，几乎每一天我都很焦虑。

看着别的公众号每天更新，我觉得好羞愧，同样是自媒体人，我咋就这么不敬业呢？

看着我的公众号后台一片寂静，我觉得好空虚，会胡思乱想，是不是读者已经把我忘记了？

还有就是几天没有写文章，积累的素材很多，多到我坐立不安。以前我可是有了素材马上就写成文章，现在让我等？很难受啊！

我没有带电脑的习惯，也没有一边玩一边工作的习惯。这又让我非常不爽，如果我带着电脑，利用早上和晚上的时间写文章推公众号，是不是就不会这么焦虑了呢？

可惜我没有，所以我活该焦虑。

［2］

自从做了自由职业，其实我一直处在焦虑中。

刚开始，我害怕自己挣不到生活费，维持不了太久自由状态。于是我每天工作八小时以上，半夜两点才能勉强入睡，有灵感随时爬起来记录。

那时候甚至不做饭，每天去吃食堂，只是为了省下时间读书写字。每天数着寥寥无几的发表数量，焦虑得掉头发，脸上长斑。

我给自己定了半年的期限，如果半年养活不了自己，就老老实实继续出去找工作，再也别想做什么自由职业。

那半年，应该是我最不自由的时候。

好在半年以后，我成功养活了自己，年发表量达到了1400篇。

很多人说，哇，你好有悟性，你好厉害。

唉，哪里是有悟性啊，只不过是因为我太焦虑，所以不停地逼自己往前跑，一刻也不敢停。

我运气不好，刚写了两年纸媒，纸媒就没落了。看着发表量渐渐下滑，我又开始焦虑了。

对于一个靠稿费生存的人来说，发表量下滑就意味着每天得少吃几粒米。说不定哪一天连一粒米都吃不到。

那个时候我折腾过很多东西，放弃投稿软件，自己搜集邮箱。把写惯了的素材稿全部摒弃，开始写一些走心的文字。从对出版一无所知，到自己去找编辑，成功签下第一本书。还开始写了几个长篇。并把博客上的文章搬到公众号上来。而且还机缘巧合地开始做培训。

那一年我写了一百多万字，搜集了三千多个邮箱，准备了十几万字的课件，累得身体开始向我抗议。

但是，焦虑症好了。因为每天忙啊忙，顾不上焦虑啊。

［3］

决定创建"21天轻松高效写作群"的时候，其实我还是很焦虑。

正好那时为了涨粉，我弄了个免费的写作分享课，结果反响特别好，很多人听完课想要跟我学写作。我一琢磨，反正自己对这一块很熟，而且这既能帮别人，还能给我带来一些收益，那就做吧。

从准备课件到第一期招生满额，不过十天的时间。

很多人说我行动力强，效率高，他们不知道，那几天我一天到晚不是盯着电脑就是盯着手机，累到不想说话。

第一期做得很成功，于是后面一发不可收拾，一直做到现在的第四期。

但我还是很焦虑，我怕自己做得不好，怕不能出成绩，会失去大家对我的信任。

对抗焦虑的方法，只能是努力奔跑。

我认真回答每一个问题，认真点评每一份作业，认真寻找每一篇例文，只恨自己不是武林高手，可以用意念把内功灌输到学员脑子中。

[4]

假日躺在床上刷微信，看到彭小六和剽悍一只猫都在说焦虑。原来焦虑是大家的通病啊。

好在，我已经习惯了和焦虑相伴。有时候甚至感谢焦虑，正是因为焦虑，我才逼自己不断地奔跑啊。

一旦停下来，焦虑就会将人吞噬。

就比如这几天过节，每天吃了睡睡了玩，我的焦虑就开始爆发，弄得我那么钟爱赖床的人，不到六点就自然醒，再也睡不着。

所以，一想到今天要开始工作，我就莫名地开心。

我终于可以写文章了，我终于可以推公众号了，我终于可以和大家互动了，写作群终于可以开课了，我也终于可以收到打赏赚点零花钱了，还可以互推涨一点粉了。

工作起来真是美好。

写到这里，大家肯定已经看出我的套路了，我肯定会说，对抗焦虑的唯一方法，就是赶紧投入工作中去。

你们猜对了，我确实想这么说。

对抗焦虑只有一个方法，那就是赶紧立即热情饱满地去工作！

[成功，需要自律和自信]

请别再
不好意思了

[1]

许久之前我遇到过一件尴尬的事情。

当时我们打算买一处房子，四处看楼盘，A楼盘也在我们的考察之中。

跟同事聊起来时，热心的同事说他恰好认识一个在A楼盘工作的C小姐，给我了她的电话，还主动跟对方打了个招呼。

C小姐并不是售楼人员，但是当时A楼盘启动了"全员营销"，其他岗位的工作人员也有营销任务，所以她也很热心，很积极。

我们通过一两次电话，我透过她了解了一些大致情况，后来又去楼盘转了转，但是我一直没好意思说出"A楼盘只是我们的考虑对象之一"，我不知道她怎么想的，大概更多以为我们锁定了这个楼盘，只是找谁买、买什么户型的问题吧。

而实际上看了两次，跟家人商量过之后，我们认为那里不合适，几乎想放弃了。

期间C小姐给我打过电话，我都忘了自己说些什么，总之一定是没说清楚；所以有了后来的一次电话，她说自己的目的只是为了完成名下的任务，提成可以不要，这样算下来我的房价又可以便宜不少，当然还说了一堆其他的……

到我终于不得不明确地告诉她"我不会买A楼盘"的时候，我非常痛苦，不知道跟人家怎么说，因为我觉得给人家添了麻烦，而且给了人家希望，那时候我特别后悔没有从一开始就跟她说明白"我们只是想先了解一下"。

总之，我当时觉得特别不好意思，也特别痛恨自己的处理方法。

最后，我像是一个逃兵，选择了发短信——似乎只要不听到她的声音，我的心里就会舒服一点，给她带去的伤害就会少一点。

而实际上，当然不可能。

我对自己那种一开始没有明确说明白、事后又碍于情面不好意思拒绝的态度感到万分沮丧，所以大概就是从那时候开始，我养成了一种鼓励自己说"不"的习惯。

想做的事情就迅速点头，不想做的事情也要迅速摇头；有些事情在开始之前就先讲好规则，定好规则了就要坚持下去，而不是事先什么都不说，到遇到问题一团糟糕。

对了，A楼盘因为一些问题差点烂尾，事后我还是有些庆幸的。

[2]

跟朋友吃饭，她说最近打算给小朋友换幼儿园。

之前小朋友的那间幼儿园是规模不大的私立园，朋友喜欢它的开放、宽松，但是最近她及一些家长对园长有了意见，朋友觉得她性格上可能有些问题。

导火索是幼儿园组织的一次活动。幼儿园组织活动蛮多，有时候去远足，有时候亲子游，还有时候是带着孩子去博物馆。从家长角度当然希望孩子能够在丰富多彩的活动中享受童年的快乐，所以，每次活动都有不少家长参与。

而这次活动，是野外实践加聚餐，事先园长只是大致说让家长各自准备一些东西，但是到了现场之后才发现，没有有组织的安排、准备，有的东西买

[成功，需要自律和自信]

多了，有些东西没准备，大家乱成一团，抱怨自然也就慢慢多了。有个家长突然提到，在园长买的公用的东西里，有她给自己买的一些私人物品。

家长怨声载道，园长委屈不满，矛盾突然就爆发了。本来就因为活动焦头烂额的家长和园长，居然因为不到十块钱的东西关系变得尴尬、敏感起来。家长觉得她安排不够周全，而且还贪图私利；园长觉得家长小题大做，自己忙前忙后很辛苦……之前和乐融融的氛围，画风突变。

我突然对一个问题感兴趣：园长组织这些活动，会收取家长的费用吗，比如劳务费之类的？

女朋友说，不。

我感慨：她本来可以不这么劳心劳力地组织户外活动的，但是她组织了，要为安全及各个环节负责，家长不必支付费用，却因为一点小东西闹成这样，是不是有点过分？

女朋友说：她可以事先说明啊。她事先不说，大家都稀里糊涂的，总说到时候看情况，到时候再说，出现问题的时候，家长当然归咎于她，她又觉得自己委屈……

我点点头，双方真是应该各打五十大板。

如果她事先把事情拎拎清、讲明白，可能会简单多了。

无非就是，要么她收费用来安排这件事，作为提供服务的人，任劳任怨是应该的；要么就说明白，我是组织者，大家来分工协作，家长们各自准备东西，自己也可以乐得清闲，不是更好？

作为事后诸葛亮，我们看得好像很清楚一样。

而实际上，我们遇到很多事情，也会同样稀里糊涂，走到岔路口不得不摊牌的时候，才后悔自己考虑不周。

[3]

我们碍于情面而拖沓敷衍的许多事，最后就会把我们的情面伤得体无完肤。

因为自己的怠惰，一开始不把事情想清楚、搞明白，后来又因为性格上的小软弱，逃避"拒绝"，会给自己添很多麻烦。

稀里糊涂开始的一段似是而非的感情，走向了自己不想要的境地，却不知道怎么开口结束，最后就陷入泥沼，不但自己痛苦，也给别人带来痛苦。

我们又听说过多少朋友合作而导致反目的例子呢？

最开始的时候一切都好，感情好，什么都不是问题，所以不必制定规则，不必讲究原则，很多事情可以妥协，可以退让。

到后来，慢慢就有了更多的罅隙，已然来不及了，此时再谈规矩、讲规则，怎么都会带有私利的成分，很难谈得拢。

久而久之，在心底互相埋怨，表面上也不再友好地敷衍，最后就是一拍两散。

许多时候，我们总是会为了给足对方面子而在开始的时候，笑嘻嘻地一切都是"好好好"，什么都是"行行行"，给自己挖一个又一个的坑……

何苦呢？！

何不扔掉那些多余的"不好意思"，就清爽明快地做人、谈事，坦荡而直接。这何尝不是真正的美德呢？！

别把朋友圈
看得太认真

　　身边有朋友跟我说，她加了自己的一位同事进自己的朋友圈，结果对方一天几十张的自拍，还刷屏介绍各种假冒伪劣面膜，想要拉黑吧，又磨不开面子，不拉黑吧，实在是堵心。

　　现在玩朋友圈的人谁没有类似的烦恼呢？有时候，不知不觉你就加了一堆人，什么亲人，朋友，同事，领导，小学同学，初中班主任，只见过一次面的同乡，飞机上交谈甚欢的陌生人，某天寂寞摇出的附近的人，儿子同学的妈妈，买家具认识的售货员，擦油烟机的，送外卖的，这些人陆陆续续被装进了你那个叫"朋友圈"的小魔盒里。

　　当然，微信很体贴地发明了屏蔽和可以不互看朋友圈的功能，还能对不同的人设置分组，可是你加的人越来越多，组也越分越多，发个朋友圈还要对这个可见，对那个不可见，搞来搞去都把自己搞糊涂了，有时候百密一疏，照样惹出乱子。

　　比如某公司的何小姐，为了出去玩向公司请病假，却因为在朋友圈晒照片，被领导发现，结果挨了批，扣了奖金，行程也提前结束，灰溜溜地回到公司上班。

　　其实何小姐也不是没有预料到风险，走之前，她还提前把自己分组中"领导组"那组给屏蔽了。心思够缜密了吧，可惜躺在她微信"同事组"的一个同事，刚刚升职做了领导，她还没有来得及给他"升级"，旅游的照片被对方一览无遗。

前几天还有浙江某女子在朋友圈晒上坟的照片，自称为了新的一年红红火火，竟然放火烧了一座山，随后被大量转发，引起不少网友的关注和愤怒，最后警察也介入调查，找到当事人，赔了钱罚了款。

这年头什么都要晒在朋友圈，已经成为一种常态了。

早晨起来第一时间摸手机，看看朋友圈又发了什么新鲜事，有谁给自己点赞，是很多人的生活习惯。每隔几分钟就得看看手机，不看就觉得自己心里空落落的，唯恐自己丢掉了什么重要信息。

这么关注就难免生出比较心，有人为朋友给别人点赞不给自己点而郁闷，也有人因为发红包的大小而争吵。老公关注了自己不认识的女生，还评论对方的朋友圈，这要注意，婆婆给自己转发了"做女人必须知道的十件事"是什么意思，也很费脑筋。

以前朋友之间偶尔有点小分歧，谁背后说点谁的坏话，也都只是传闻，无法提供明确的证据。现在可好了，往往有文字、照片、截屏为证，板上钉钉，确凿无疑，拿出来就是最好的证据，再加上别有用心的人挑拨，专门负责传递这种信息，搞得大家连回转的余地都没有，多年的好朋友也掰了。

我这人属于万年不发朋友圈，也不怎么玩朋友圈的人，经常被我姐埋怨："为什么不能给我点赞？"我没这个习惯。既然被指出来了，那就点吧，可是那个赞，真的好生硬，是硬要出来的，没有什么意义。

朋友圈本来是社交的辅助工具，现在却成了绑架生活的东西。

朋友圈的极速传播，放大了人们渴望吸引别人注意力，生活中要拥有一个朋友可能需要花费很多精力去认识、了解和经营，在网络上多轻松啊，鼠标一点，一个朋友就到手了。这种感觉令人着迷。

可这样的朋友，真的靠得住吗？

有些人加你只是为了发展人脉，指望混熟了以后有什么事能帮助。

有些人早就看你不顺眼了，只是不好意思拉黑屏蔽你，所以平时总是各种的话伺候着。

有些人混进你的朋友圈是为了卖给你东西，你就是人家盈利表上的一个小分母。

有些人关注你只是为了话题，你这边说一句话，那边人家就放在另外的朋友圈分享去了。

有些人还在你的朋友圈只是懒得删除你而已，不给你评论是因为对你一点都不感兴趣。

在你的朋友圈中，究竟有多少人真正对你的生活感兴趣，这真的很难说。

你的朋友圈越庞杂，允斥在身边的这种人就越多。你越是迷恋呼朋唤友的感觉，越是容易被别有用心的人包围。

现实生活中应该遵从的原则，在网络世界一样要遵从。现实生活中不是所有认识的人都是朋友，在网络上，也不是所有在你朋友圈的人都是你的朋友。

要学会清理你的朋友圈，谁让你感觉不对，就去屏蔽、拉黑，犯不着给自己找罪受。不喜欢谁，就不要加谁。电话短信能联系业务，犯不着把你全部的生活都袒露给对方看。如果说，在生活中你只对真正的朋友才会说最私密的话，那么在朋友圈也是如此，不是真朋友，承担不了真实的你。

朋友圈只是人际交往的一种工具。真实的生活在你身边，你触手可及。

你需要
学会拒绝

小如是我的大学室友，我俩基本同步进入社会，但她每天都累得不成样子。

几次周末约好一起逛街却总是被她放鸽子。时间长了，对她也越来越生气，质问她，"你就那么忙吗，忙到连朋友约会都推三阻四的？"

她告诉我，其实也没那么忙，但是同事总是把自己手头上的活给她，她作为新人也不好说什么，就只能帮忙做。

我问她："你为什么不拒绝？"

她说："我也想拒绝来着，但又怕被单位员工排挤。"

这是她换的第二份工作，第一份工作的时候，也是刚出校园热血青年，有着自己的性格，想做什么做什么。对于"老前辈"的拜托基本熟视无睹，然后她发现无论和谁说话都不理她，吃饭叫外卖也不带她，她觉得莫名其妙。有次她在洗手间上厕所的时候，听到同事聊天才知道原因。她们说："你看新来的那姑娘，还挺自以为是的。"

她意识到自己的问题，这家公司待不下去了，她换了现在这家小有名气的报社。新人要做的杂事很多。比如，去其他单位取单据，又或者下楼签署账单。

别人出去旅游，她留在单位还要帮忙取快递。别人出去聚餐，她只能把老板交代下来大家一起做的任务，一个人默默地做完。

我不止一次劝她量力而行，选择性地拒绝一些人和一些事，可她从来都没把话听进去。

别人有大把的时间去经营自己，而她只有埋头在别人的拜托中，失去了属于自己的时光。

帮助本是一件好事，但别人将它看作理所应当并连自己的私事都交予你的时候，这就是件坏事。

盲目的帮助，无益于人，无益于己。

[2]

上海地铁2号线从徐泾东方向出发总有行乞者。一拨是老妇人推着音箱少妇抱着孩子唱歌的，一拨只是一个老妇人推着音箱假唱的。她们分别从地铁两端出发一边放着音乐一边收着钱。

常坐这趟地铁的朋友告诉我，她们基本不出站，就在地铁里来回走上一天，纯收入就有上千元。

前一阵在地铁站看到行乞者因为一个姑娘不给钱，居然肆意谩骂姑娘，说"姑娘书白读了，年纪轻轻一点爱心都没有，连可怜人都不施舍。"

姑娘也是一愣，直接回击："你们有手有脚不去找工作，在这向别人要钱，给你钱的人是尊重了被你出卖的自尊，不给你钱是因为你还达不到我为你掏钱的标准。"

我只想给姑娘鼓掌。我一直都有随身揣零钱的习惯，给老人、小孩、残者或在地下通道里唱歌的人。他们有的是没有劳动能力，有的是靠着才艺吃饭。我既然路过听了你的歌，那付出一点也是应该的。

让人不能理解的是，那些年纪和我相当，身无残疾却伸手要钱的人，凭什么？

当然我这样的理论会被很多人说是自私。我会因为自己助长了他们的气势而讨厌自己。

你有权利行乞，我有权利拒绝。

[3]

身边有个人，他每天的日常就是坐在办公室看看新闻、看看股票、喝喝小茶，指挥别人做这做那，开始大家都愿意帮助他，久而久之，对他投来的求助指挥选择拒绝。

同样坐在办公室里，你领着你的薪水做着你该做的事情，我领着我的薪水做着我该做的事情，别把自己的事情交由别人还美其名曰"帮忙"，帮忙是帮你所不能，而不是帮你所能而不做。

你总要先学会拒绝，才能成长为大人，别等到被他人消耗光才意识到本不该如此，不是吗？

［如果你都不够自律，还谈什么成功］

　　在我的朋友中，有坚持清晨5点钟早起的，有坚持每天跑步的，有非常守时守约的，也有以上事件全部都做到的。大家说起他们的时候，往往用一个词来形容，那就是自律。

　　自律是什么？就是自觉遵守纪律，做有益于自己的事情，对自己的行为形成内在的约束力。同时，避免做一些对自己不好，不讲纪律的事情，比如说不守时、作息不正常、过于放纵自己的欲望，等等。

　　那么怎么样形成自律呢？速成的自律是不存在的，操练是自律的关键。

　　习惯可以用在好的地方，也可以用在坏的地方，用在好的地方，那就可以让我们拥有更好的生活。

　　要养成习惯，通常需要至少三周的每天正常的操练，才能使人觉得适应。再加上三周的时间，这种操练就可以成为我们生活的一部分。

　　对我们接受操练的最大障碍之一，就是我们成为自己感受的奴隶。

　　即使我们已经有了水桶腰，也不愿意迈开步子出去跑步，因为怕累；即使我们迟到早退要被罚钱，仍诸多借口，屡教不改；在家的时候，什么家务也不干，乐滋滋地刷朋友圈刷到深夜，沉浸其中不知疲倦。这都是自律的反面例子，而通过自律获得人生成就的也很多，例如趁早的创始人王潇，又比如组织语音写作的简书作者剑飞。

　　既然操练可以形成好的习惯，引导我们，拥有更好的生活，那么我们应该怎么样去操练呢？笔者有几个建议。

第一，我们可以做一个21天的每天3件事的计划，在这三件事上去操练自己。

比如说你计划读书、早睡早起、运动等。把这几件事记在本子上，每天只要完成了就打一个钩。

当然你也可以借助一些App或公众号。比如朝夕日历，可以为每天的早起打卡；悦跑圈可以记录你的跑步数据；Fittime，可以给你提供一些健身的视频并让你在上面打卡；完成这些以后你可以上微信号，到趁早星球去打卡并赢得积分。据说连续21天为同一件事打卡会有奖励。这些公众号或者软件还有一个吸引力，是你打卡以后可以分享到朋友圈，这样的话你会赢得更大的精神上的动力，因为大家都在看着你进步。建议把锻炼放在每日要完成的事项中，因为身体是一切的基础。

第二，你可以寻求一些同伴和你一起做这些事情，既起到监督的作用也起到互相影响、互相鼓励的作用。

比如喜欢读书的你，你可以找个读书打卡群每天打卡；喜欢运动的你可以在软件里面认识一些志同道合的朋友，相互鼓励。喜欢写作的话也有一些写作群。最近我参加了剑飞在为知笔记上组织的语音写作群，要求每日语音写作，否则要被踢出，这很好地约束了我，让我无论身处何地，都想着每天不中断地去完成语音写作任务。

我也比较推荐去趁早的群里面打卡，这是一个提倡自律的社群，你可以对所有与成长相关的事项打卡，也可以感受到很多的正能量。当你结识了越来越多正能量并且自律的朋友，和他们一道成长，你会有更大的自律的动力。

第三，养成"复盘"的习惯，每天去检查自己计划完成的情况。每21天或一个月总结一次。

［成功，需要自律和自信］

　　简单地说，就是要形成PDCA的闭环式的管理，计划、执行、检查，再采取行动，对不恰当的地方做出改正。

　　如果你能坚持，21天以后，你会变成一个完全不同的自己。你可能形成了习惯，可能在技能上得到了提升，可能拥有了健康的身体，总之，你被焕然一新。

　　我的21天计划已经开始了，你的呢？

请你果断一些

[不磨叽，是时间管理的最大利器]

很多人问，你究竟是怎么做时间管理的？其实对于时间管理来讲，任何的技巧和方法都比不上三个字：不！磨！叽！不磨叽的意思，就是做事不拖拖拉拉，想到事情立刻去做。比如说想要去学车，赶紧找驾校马上报名。

想报个培训班，在网上寻找一下大概对比一下，看看网评，就去预约试听课现场考察，用不了三天就能选择完毕。很多人会在这些事情上来来回回地比较，一会儿考虑距离远，一会儿考虑交钱多，一会儿问东问西看看别人的评价如何，大家你说一句我再推荐一个，几个回合下来三四个月过去了，而自己还是原地踏步，什么进步都没有。

[不磨叽，还是一种人生态度]

你以为不磨叽仅仅是时间管理的问题吗？其实不磨叽更多的是一种状态，一种人生态度。如果你是个凡事特别磨叽，干什么都来来回回畏首畏尾的，你很难有伟大的成功。

我经常收到很多网友的来信，询问的都是生活中的一些小事儿。比如说，同宿舍女生谁跟她关系好，谁跟她关系不好该，怎么办？同事下班没让

[成功，需要自律和自信]

149

其坐她车回家是什么意思？也许这些事儿对你很重要，但如果你的时间精力都花费在这些鸡毛蒜皮还无解的小事儿上，你哪还有时间精力去做些更重要的事呢？

我有一个大学同学跟我说过一句话："如果我们生活中都是一些很大、很重要的事情，可能我们根本就没有时间去想那些小事儿。正是因为我们生活里没大事儿，才会在小事儿上纠缠不休。"这句话我一直记到现在。人年轻的时候总会觉得自己拥有一腔宏伟抱负，想要做大事儿，但为什么天永远都不降大任于自己呢。你有没有想过，如果生活中鸡毛蒜皮的小事你都处理不好，就算天降大任到你身上，也绝不会让你在乱世成英雄。

[不磨叽，让你能更加专注]

不磨叽，就会让你有更多时间思考，也会让你做事更加专注。其实很多人时间规划不好的重要原因是不专注。给孩子做饭的时候想着刚才那件衣服还没有买，到底该不该买呢？买东西的时候在考虑今天该不该去驾校给自己报个名？好不容易在驾校报了名，每天上课都在想，时间都用来练车了，家里一堆家务活儿还没干呢。如此下来，你做A想B，做B担心C，结果没一件事做好，甚至还需要重新做。

[如何改变磨叽的状态]

那么你可能要问，如果自己的生活很平淡，确实没有发生过什么大事，或者说自己就是个磨叽人，到底该如何锻炼自己或者改善自己的这种做事方法呢？我推荐的方法就是：阅读名人传记。每一本名人传记都能给你展现一个名人伟大的一生，你可以从中看到，当他们在人生中遇到困难，无论大事小事，都是如何思考，如何做决策，如何坚持，如何克服困难的。他们在人生中也曾有很多的失败和沮丧，有些很严重，比如进了监狱，被公众误会，等等。面对这些困难，他们又是如何挺过来的呢？读读别人的故事，再设身处地地思考一下，你会发现自己生活中遇到那些事儿哪还算个什么事儿啊。

如果你觉得自己是有点自命不凡的人，如果你觉得自己应该比现在过得更好一点，如果你觉得自己应该是个做大事的人，那么，读点名人传记，让自己具备点大将风范。每时每刻都要觉得，自己是要做大事的人，因此别老在小事上浪费时间，别老在鸡毛蒜皮的事情上没完没了。当你真的脱离了这种会拖延你时间和生活态度的心态，你才可能去专注做更多的事，也才可能开始取得一点点自己过去得不到的成就感。

否则，你的人生都会在无限蹉跎中慢慢度过，到头来时间空流水，你什么都没有得到。

［培养自制力，
你将收获更多］

你有没有过这种情况：

打开今天决定要看的书，看了两页，拍张照片，发了个朋友圈打卡，然后等待着点赞评论，再抽个时间回复评论，等待与渴望被关注的时间一点一点过去，直到该洗漱睡觉了，你才发现，那本书一直停留在第二页上。

想学英语，看看时间还早，看会儿电视剧吧。这个电视剧怎么拍的？情节都对不上啊，太无聊了，还是玩会儿游戏吧。游戏玩得差不多了，一看时间，半夜十二点了。算了，还是明天再学吧，反正也不差这一天。

减肥时，总是管不住自己的嘴，看到这家店要去尝一尝，看到那个好吃要买回来吃一吃，还不断地安慰自己，减肥不差这一顿。

于是，我们给自己找了很多的借口。

然后呢？

然后，我们一边会说着"哎，我也想改变啊"，"我好迷茫无助，我好惆怅无奈"，"我也不想这样的，我想做得更好，但就是找不到方向。"

再然后，我们仍然在原地踏步的位置，止步不前。

你有没有透过这些表象去看看自己的内心？你为什么做不到？因为，你连最起码的自制力都没有。

自制力是什么？自制力，就是一个人控制自己思想感情和举止行为的能力。

昨晚有个姑娘给我留言，说她控制不住自己，每隔几分钟就要刷一下朋友圈，她知道自己这样不对，也想改变，想努力学习，但就是做不到。

当你想要改变的时候，是因为你本身已经意识到这种行为给你带来了不良的影响，而你为什么没有改变成功？

我们每个人都会遇到这样的问题，能否做好的关键在于是否拥有强大的自制力。

频繁地刷朋友圈，是你的自制力没有达到与你想要的东西抗衡的地步，所以你一再放任自己一遍又一遍地刷，仿佛只有这样，才能找到你的存在感和充实感。

什么迷茫不知道路在何方，都是自制力不能发挥其作用时，我们给自己找的借口。

你是学生，就要努力学习，考出好成绩；你是员工，就得全力以赴，做出好业绩。迷茫有时是懒惰的出口，你没有坚持过就说自己没办法，那是对自己的贬低。

那么，自制力太差是一种什么样的体验？

我上个周末用了一整天的时间来收拾屋子。理论上，就算大扫除也用不了一整天；可实际上，我确实花了一整天的时间。

先收拾卧室，把床单被罩都换下来，换着换着觉得房间好安静，还是有点声音好，打开电脑，播放列表里的歌都听腻了，于是又到曲库里搜索，一首一首地试听。半个多小时过去了，终于找到几首差不多的，才想起来还要干活。

好，继续，现在要收拾玩具了，该洗的放到盆子里，其他的归置到相应的箱子里。咦，好久没玩这副象棋了，练练手吧，叫上先生杀一盘，输了，转身看到玩具仍是散落一地。

卧室终于捯饬得差不多了，转战客厅。有点无聊，一边看电视一边收拾吧。《琅琊榜》看过了，《芈月传》不想看，外语片得盯着字幕才能看懂不适合，推理费脑子的也不行，因为擦桌子拖地不能时刻对着电脑，情节跟不上不过瘾……找了将近一个小时，最后确认看《笑傲江湖》。

好了，客厅也收拾得差不多了，现在就剩下厨房的清洁和卫生间里要洗的衣服了。想看看冰箱里有什么需要处理的，结果被酸奶吸引了，拿出两杯来喝掉，再找找还有什么吃的，也吃掉……当我洗完衣服彻底解脱的时候，天都已经黑了。

其实，本来可以两个小时就完成的事情，我用了一天外加没吃午饭的时间。我完全可以先做完家务，再吃点东西，再看看有什么感兴趣的事情，或者看看书或者研究象棋。而不是一会儿做这一会儿做那，家务没做好，我在其中也玩得并不痛快。

因为自制力不强，总是被这些外在的事情所吸引，分散了注意力，从而放任自己去为那些琐事分神劳力，不能专注地去完成我们想要做的事，导致了时间的浪费，精力的消耗。

那么，我们应该如何提高自己的自制力呢？

首先，你要找到你有兴趣的事情。俗话说，兴趣是最好的老师，兴趣所在，便是动力所在，这有助于集中注意力的培养。

其次，要找到一个你想要前进的方向和目标。毫无章法的规划有可能会把你带到偏离的轨道上，所以，你要想明白你想在哪方面有所发展和深造，选对了方向，事半功倍。

再者，你要让自己去坚持。比如你要报考MBA，那你每天就要拿出一个小时甚至更多的时间来练习听力、口语、笔试试题，即使有些困难，也要坚持把这部分练习完。

这坚持的过程，就是你自制力不断增强的过程。

有人说："自制力宛若受到控制的火焰，正是它造就了天才。"

如果你想要有所成就，就放下那些迷茫的借口，培养你的自制力吧，你终将收获你想要的。

请对"拖延症"说不

你有拖延症吗？

早上你定了一个六点的闹钟，可是闹钟响起时你满脑子都是还没做完的美梦，加上困意一阵阵袭来，你伸手按掉闹钟，想着我再睡十分钟，就十分钟。

但你一不小心就多睡了一个小时，醒来的时候已经是七点了。你想立刻坐起来洗脸刷牙吃早饭，然后看书。

可是被窝太温暖，手机太好玩，一不小心你就赖到了九点。

九点以后你慢慢穿衣下床，嘴里叼着一块面包，边吃早饭边刷微博，然后看看表：我再刷五分钟微博，就去看书。

可是你一不小心就多刷了一个小时微博，等到书摊在你面前的时候，你又想着马上该吃午饭了，还是等吃完了再学吧，反正有一个下午的时间呢。

可最后啊，你又是一个不小心加一个不小心，一直到晚上十一点了，你睡在床上，想着今天一天到底做了些什么呢？

除了玩手机，你什么都没做。

你开始懊悔，甚至是恼恨：明知道自己应该去学习了，可是就是控制不了体内的洪荒之力，想玩手机看电视，每次口口声声说着"再玩十分钟，就十分钟"，可到一荒废就是一整天。

莎士比亚说得好：我荒废了时间，时间便把我荒废了。

从你拖延症开始的那天起，似乎就注定了你的失败——忙着考试的人们每天按部就班地学习，你却一拖再拖，最后要考试了才发现自己什么都没学；忙着年终评比的人们每天按着年末的目标执着努力着，你却一缓再缓，等到年底时发现自己业绩平平，根本没有丝毫竞争力。

于是你便开始自暴自弃：算了吧，反正都这样了，努力也没用了。

以上我所说的，是你的一天吗？或者说，是你的一生吗？

调查显示，大约75%的大学生认为自己有时拖延，50%的大学生认为自己常常拖延。

什么是拖延症？

拖延症，是指自我调节失败，在能够预料后果有害的情况下，仍然把计划要做的事情往后推迟的一种行为。

什么意思呢，就是你明知道做这件事情不好，但是你还是去做了。我曾经在微博上看过一句话：我知道努力不一定成功，但是不努力真的好舒服。大概就是这样，明知道不努力不好，但是还是忍不住。

人生啊，总是有很多次忍不住。忍不住多看了会电视，忍不住多玩了会手机，忍不住多跟某人聊了两句，忍不住就拖延了一会儿。

可单单是忍不住就算了，毕竟发誓要好好学习的人是你，拖到最后一事无成的人也是你。

问题是很多人并不能承担自己的拖延带来的后果，很多人会自责，内疚，对自己有着强烈的负罪感，严重的会开始不断地自我否定、贬低，甚至会发展成焦虑症、抑郁症等。

许多人在做事之前喜欢给自己制订计划，这是个好习惯，制订计划可以让我们更好地知道自己需要做什么，需要多久。

大部分人之所以没成功，并非是他们没有计划，而是在完成的过程中不断打折扣，比如计划一小时完成的事情拖成了两三个小时，于是之后的计划也会因为拖延被打乱，引发蝴蝶效应导致整个计划全盘紊乱，不得善终。

那么，如何对抗拖延症呢？虽然我在这方面做得依旧不够好，但是以我多年的经验加上稍有改善的好势头，我为各位提供以下几点建议：

第一，与其懊恼刚刚没有把握住，不如从眼下这一刻开始努力。

有句话说得好，觉得为时已晚的时候恰恰就是最早的时候。

过去我最常做的一件事情就是在晚上入睡前回想白天一天做了些什么，但往往结果就是——我又荒废了一天。

于是我就会怪自己，为什么总是这样，最后"觉得自己是个烂人"。之后便开始翻来覆去睡不着，等到凌晨才入睡，第二天又起不来，一天的计划再次泡汤。

某天我突然明白：与其一直埋怨自己，为什么不从此刻便开始好好把握呢？

比如今天上午一直到十点半的时间都被我荒废了，现在十一点准备去吃饭，那为什么我不能利用最后的半小时背两个单词，看一篇文章呢？

很多人不重视零碎的时间，忘了每天拥有最多的，最容易改变境遇的，就是零碎时间。

利用五分钟背背书，可能整个人就会变得自信一些，能告诉自己没有浪费这五分钟。

一天中这样的五分钟实在是太多了，如果能够抓紧这些零散时间，收获暂且不说，最起码会增长自信，更加有利于对抗拖延症。

第二，原谅自己，不要总在过去的事情上纠结。

你可以回顾过去，但千万不能待在过去而出不来。不要沉浸在往日的伤怀之事中，也不要贪于旧时的功勋喜悦。

不念过去，不畏将来，才是长久之道。

第三，锻炼自己的自控力。

早期我读过一本叫《自控力》的书，大体内容是说人的自制力并非天生，只要心之所向，后天也是可以养成的。大脑里面的主要成分是灰质，管辖自控力的区域灰质越多，你的自控力就越强。

那么，如何才能使那一块的灰质增加？科学研究表明，灰质是可以流动的。

当你刻意锻炼开发某一区域时，灰质便会集中涌向那个地方。

所以在日常生活中，你可以通过冥想、记录、总结、练习等方法来锻炼增强自己的自控力。

比如你需要戒烟，就可以将烟放在家里的各个地方，起到刻意提醒自己不要抽烟的效果。这样时间久了，你就可以控制自己对烟草的欲望，你的烟瘾就没那么大了。

同理，要想改掉拖延症的问题，就要先从小事情做起，比如今天要洗袜子，你却从早拖到晚，从今天拖到明天。

不如先打起精神，强迫自己立刻去完成它，说到底洗袜子也只是件小事情，完成起来并不是很难。

但如果这样的小事情做多了，就能达到锻炼的效果，自控力增强了。

第四，做自己喜欢的事情。

假如男神约你一起散步，你会迟到吗？

当一个人面对自己喜欢的事情时，哪里会有什么拖延症？

当你实实在在热爱一件事情的时候，让你做什么你都愿意。

《大国工匠》里面的许多行家冷板凳一坐就是数十年，试想若是没有热爱，数十年的光阴就都会变成煎熬。若带着一颗赤诚之心去做，十年也只是弹指一挥间。

　　你有拖延症吗？如果有，希望读完这篇文章后的你，不会再深夜辗转，为自己又浪费美好一天而感到懊悔不已。

想要竞争有优势，
请别忘了主动学习

[1]

说到这个话题我特别要提一提我目前的偶像，就是前不久去割了眼袋的马东！

马东大学毕业之后成为一位IT男，然后干了几年互联网，厌烦了之后转去考了主持，成功转行，进入中央电视台。

在电视台里做了主持人、制片人、导演，在央视混得风生水起，外人看来人生已无憾。偏偏四十多岁的马东选择了辞职，跨越一跳，去了爱奇艺做内容官首席，开办了《奇葩说》，而且节目迅速走红！

当大家都以为马东转对了，节目那么红，会在爱奇艺闯出自己一片天地的时候，2015年马东从爱奇艺辞职独立开办公司的消息，又迅速把他推上头条！

特别地爱马东这样的一个人，他给自己现在所在的环境里的说法是，跟着一群年轻人去学习。

一个有勇气有想法，而且有着谦虚的学习态度的中年男人，原来那么有魅力！

佩服这样的人，即使有了这么多成就，却还是不停地学习，去提升自己，去竞争。

有竞争能力的人就是那么任性，随意地就可以"走别人的路，让别人无路可走。"

［2］

前段时间，我有个很好的朋友找工作，已经结婚有孩子好几年了，虽然之前一直做一些生意，但是迫于一些因素，不得不另外找工作。

上了各类招聘网站投简历，问题就是，她有家庭有孩子，工作地点还只能限制于本地。

其实像她这样的情况很常见，但是她的情况比较特殊，她当初读的是师范专业，毕业出来之后没多久就没有工作了，在家生娃，所以累积的工作经验很少。很多基础的办公软件不会用，这让她很头疼。

外加好多年没有坐班，根本不能适应。

此期间她面试了很多工作，其中一份感觉真的挺不错，与文字打交道，就是写报道，还不用坐班，定时交稿。她有一定的文字功底，认为这份工作她力所能及，满怀信心地去面试。

面试回来之后跟我说，她不想做这份工作。理由是太难，根本写不出来，面试官给她的一个题目是介绍我们当地的传统美食，就是让她自由发挥去写。

回来之后坐在我旁边不停地埋怨：什么鬼题目，让人怎么写。

我实在是看不下去，说了她一顿，遇事没有一点的积极性，不去想办法解决问题，而是想人家什么都给你安置好。

她被我说得不好意思，又来问我怎么写，然后我大概说了一下如果是我写这方面的内容会怎么样写。

框架列好了，方向定好了，最后她一脸的郁闷回家。

不是因为其他的，她不高兴是因为她觉得这个社会在刁难她。

我跟她说，如果你想从事文字类工作，就必须多读书，多看书，不然肚子里面没有东西，写出来的东西只是很飘忽的文句，不流畅。

看她情绪实在是很低落，另外一个朋友劝说她去看一些让人积极向上的节目，或者书什么的，然后就在那推荐。

她甩出一句："我现在找工作都烦死了，看书有什么用！"

我只能在心里默默地难过。不学习，你拿什么去竞争你想要的职位？

[3]

这朋友是我很多年的好朋友，心痛是固然的，刚开始我为她愿意走出来去跟社会接上轨很高兴。也真心地给过她一些意见。

我表示如果她还是乐意写作，我可以提供平台让她去投稿，让她去试试，展示一下能力。

然后她一听要写五千字，立马回绝了我。她甚至连尝试都不愿意。

她的表现让我确实很失望，我真心想拉她一把，希望她能优秀，就像当初读书的时候我羡慕她的学习成绩那样。

可是她放弃自我学习，也放弃了可以学习的机会。

放弃了学习，放弃打造自己，别说让自己拥有竞争力，连最起码的竞争机会都没法争取到，其他的也就免谈了。

[4]

说说另外一个朋友L吧，是个特别聪明的人。虽然不像马东那么爱冒险，但是她的学习能力确实是让她职位稳固向上的利器。

L是一个女孩子，特别勤奋好学。

在现在的岗位上工作了五年，从最初的普通店员一直升到现在的经理。

像她这样的人在社会上的哪个岗位，都会成为一名不可或缺的人才。

她所在店面的所有记账模式、模板，都是她一手整理的。

她店里的账目有特殊性，有记账、挂账，还有赊账、零售，等等，特别烦琐，没有学过会计的人，几乎搞不下来。

但是她弄的这套模板，可以让所有没有接触过做账的人能轻松学会。

当初她整理这套模板的时候，也才刚刚升为店长，接手的时候，前店长没有任何交代，她直接接手店铺，然后开始着手记账、做账。那时候她根本没有学习过会计，原来的专业是市场营销。

这些技能都是她自己一点点自己私底下琢磨学来的，学习掌握之后就用在店铺上面。

现在，店面上哪怕有一分钱的账对不上，只要她在，就没有对不准确的账目。

她一开始接手店铺时学习关于账目方面的知识，然后琢磨商务方面的礼仪，她看了很多礼仪方面的书。在做了经理之后，她就接触一些管理方面的书。

她的学历不高，专业也不是很吃香，但是你就能看到她这样一个人，总是在为提升自己，让自己做得更好而不停地学习和思考。

而且，她总能为她想要达到的目的拼尽全力，去研究，去探索，去找人解答难题。

她现在是很多老板想要挖掘的员工，只要她愿意，随时可以跳槽到更好的岗位，只是现在的老板对她非常重视，所以她也心甘情愿留下打拼。

出色的学习能力，是她职位直线上升的杀手锏。

[5]

记得当初，我参加我们学校的歌手比赛，听说我参赛了，同学们一阵唏嘘，说的内容大致就是，我很厉害，是强敌。

我承认，听到这句话的时候，我的虚荣心满满的。

但是这是我长期坚持学习的结果，我就是为了第一名而去的，我就是他们比赛场上的强劲对手。如果你水平不足，那么我可以轻易地令你出局。

这就是拥有竞争优势的气势。

你想要的通过你的努力去竞争，就能获取，只是有太多人没有这种主动去竞争的意识。

如果你觉得自己水平不高，或者什么都比不上人家，又或者觉得自己现在过得很满足，那么你可能有以下类似的思维：

①这件事怎么那么难办？

②为什么事情总是那么复杂？

③如果我年轻，我也能这样。

④为什么这些人会有那么大的勇气去冒险？

⑤这个东西那么贵，如果有人能送我就好了。

⑥我很想改变，但是现在不行，机会还没有来。

⑦今天我要做什么好呢？

⑧为什么时间过得那么慢。

⑨这样做有什么意义？

⑩为什么要把自己折腾得那么累？

有这样思维的人，常会处在一个相对稳定的工作岗位上安然度日。

如果你想提升，**那么**你就需要知道比你拥有更强竞争力的人的思维方法。

去改变，去主动学习，培养自己拥有出色的学习能力：

①读书（读书累积下来的力量，是未来你不能估量的）。

②无论任何事，在不触犯法律和道德的前提想，想尽一切办法去完成。

③ 哪怕老了，也要有拼搏的心。

④在你能承担的风险范围内去冒险！

⑤工作烦躁的时候不要说话，做就行！

⑥不要等机会，而是主动给自己制造机会。

⑦定下学习的计划，然后强迫自己去学习。

⑧保持对世界的好奇心，保持对自己未来的好奇心。

⑨多想想这句话："如果我这样做了，未来会怎么样？"

最后，有一句话很重要，记住它，对你一定会有帮助！

比你的竞争对手学习速度更快，可能是唯一可持续的竞争优势——阿里·德赫斯。

别让自己成为
负能量的来源

初中时候，我觉得我很苦，远离父母，满心都是委屈和青春期的困惑。我想跟一个年轻的老师说说，但发现她根本没空理我。那时候我就知道，别到处说你的苦，没人有责任给你答疑解惑，没人愿意听你倾诉什么负能量，搞不好还成为别人的笑料。当然，这也让我养成了隐忍和讨厌别人诉苦的性格。

我听过很多人讲困惑讲抱怨讲委屈仿佛整个世界都负了他，也收到很多来信讲自己人生哪儿哪儿都是坑。起初，我很认真地回信，但发现对方再回复过来没有超过两句话的，基本上都是"谢谢，我会加油"。其实说白了，就是跟我这儿倾诉下，并不是要什么解决方案，更不是要我帮助什么。慢慢久了，扫一眼一封信，如果有太多负能量，我就不回复了。有人说我冷漠，高高在上，其实是因为，我也不想接受什么负能量。这世界上有一种人心甘情愿地接受负能量，那就是心理咨询师，但你得给他钱才行。

我有一个挺要好的男同事，什么都好，就是特别能抱怨。无论大家去哪里玩，吃什么东西，在什么时间，也无论我们各自后来跳槽到哪个公司，都不休止地抱怨工作、同事和老板。起初我和另一个小伙伴还安慰他，后来我们只能默默地听着，该吃吃该喝喝，不做任何发言，因为该说的话已经说了，已经完全不知道该说什么了。后来，我们再聚会的时候，都要考虑下，要不要叫上他。职场上有点不满很正常，但抱怨太多，同事和老板也都觉得这人是真的能力不行，沟通和工作能力太差，一来二去，也没说他什么好话，不久他就真的转行做别的去了。

其实每个人都想要听到振奋人心的好消息，生活已经够艰难了，谁还顾得过来别人的眉头呢？虽然很多时候朋友间郁闷的时候需要倾诉，但倾诉太多负能量谁都扛不住。当别人耐心地劝慰你一两次之后发现你根本没有行动力，只是一味地吐苦水，估计谁都不会再有耐心听下去了。如果你成天只能为鸡毛蒜皮的小事所忧心和劳神，那么你可能也成不了什么大事。

年轻人都有哪些苦水呢？其实无非就是生活艰难，工作不满意，爹妈不理解，朋友不相信，当梦想照进现实自己特无力。你以为自己够不幸的了，但实际上，比起那些大起大落的伟人来讲，你这都不叫事儿。比如发奖学金别人凭什么能靠关系，同事给你穿了个小鞋，父母不支持你去大城市闯荡，自己得了个颈椎病晚上睡不好，等等。当你回头看自己的过去的时候，你会发现，自己曾经那么幼稚，怎么会为这点小事哭了好几个晚上？

很多人觉得，那些看上去很好的人，他们的生活一定没什么迷茫和烦恼，他们才是人生的幸运儿呢。但事实上，每个人都是一样的，只是别人的苦没说出来没让你看到罢了。我认识一个人，还比我小两岁，日常8小时的工作是担任广告公司总监，作品获得戛纳广告奖银，其次他还是一名作家、电台主播、国家二级心理咨询师、心理催眠师、二级人力资源管理师。你可能觉得不可思议，一定是骗子，要么就是自我吹嘘，但你不知道，他从没有凌晨3点之前睡过觉；你不知道，他几乎日日更新自己的文学作品，每篇都有3000多字。他从没有跟我说过自己的辛苦，也没有说过周围人谁不好。他总是默默地跟我说："加油，努力。"就没有别的什么听起来高大上的废话了。

这两年，我认识很多新晋的豆瓣红人，其中的一些人从关注几百人开始，到今天的几万人，我眼睁睁地看着他们每日辛劳。他们有人拿着微薄的工资薪水坚持梦想，有人在工作之余挑灯敲字，有人当了妈妈在月子里还笔耕不辍。这样的生活可能太拼了，可能不是你想要的那一种，可能对身体不好，可能还很累，但这就是他们每个人的梦想。我猜想，他们都经历过时间不够用的困惑，遭遇过夜夜码字没读者的孤独，他们都曾在台灯下想要转身睡去，但我没听到他们的任何抱怨，我只看到了他们的作品。

不要让未来的你，讨厌现在的自己，困惑谁都有，但成功只配得上勇敢的行动派。别让你的青春浸泡在抱怨和倾诉中，也别让每一次朋友聚会变成祥林嫂集合。如果你不想被负能量所包围，那就试着聊点振奋人心的话题，像那些积极勇敢的创业者那样，向周围的人汲取更多的正能量，让自己的眼睛也能闪着亮晶晶的光芒。

试试看，每天早晨醒来对自己说一个让自己愉快的好消息。你是什么样的，就会吸引怎样的人来到你身旁。

成功，
需要修养和魄力

我们已经不缺批判，
缺的是理性思考，
以及理解宽容。

少一些批判，
多一些宽容

我去年春天刚到深圳的时候，租住在一栋5层小楼里。

每个住户占用一层，浴室和厨房公用。平时互不干扰，倒也清净。

四楼住的是个皮肤白净、个子小小的漂亮姑娘。她每天下午五六点钟出门，穿着微暴露的衣裙，脸上是精致且妩媚的妆。常常是午夜过后才回来。寂静的深夜，高跟鞋踩在楼梯上的声音格外响。楼道里的灯渐次亮了，然后是开锁开门的声音，淋浴的声音。

大家对她从事的工作有一些不好的猜测。

因为楼里只有我们俩做饭，在厨房碰面的次数多了，从互相点头笑笑，到随便聊上几句，慢慢彼此也熟悉了起来。

她极爱美，即使只出门十几分钟买个菜，也要穿上漂亮的衫，化上完美的妆。她爱自拍，随时随地在拍自己；连做个饭也要摆好大拍特拍一通，发到网上。

有次她房间的空调坏了，到我房间一起吃饭，我对她才有了更具体的了解。可能因为穿衣打扮的原因，姑娘看起来比较成熟，实际却只有18岁。高中没读完就出来打工，已经工作两年了；现在在酒吧做招待。

闲聊间，她的电话响了。挂上电话，她解释说是她爸要钱，过会儿上班顺路去打钱。又说起自己工作这两年挣的钱大都给父母了。

我有些许的错愕——我长她几岁，一起毕业的同学，或是家里托关系找工作，或是家里出钱买房，要么就是工资不够花需要家里补贴，能不啃老就很不错了，能回报父母的很少。

后来一起玩得多了，发现她是一个极单纯热情的人。为了做好工作（酒吧有很多外国客人），英语底子很薄的她时常拿一个小本子背单词；老家带来的自家榨的花生油，热情分享给别人一起用；楼里公共设施出了问题，大家都嫌麻烦凑合着，经常是她叫来物业修理。

过了几个月，她离开了这座城市。一年间，楼上的住户换了一批又一批，有单身的，也有情侣。大家偶尔见面也寒暄几句，但是能一起聊天一起吃饭的却再也没有了。

要说对从事这个行业的女孩子没有一点偏见，那是假话；我不太喜欢过分注重外表整天自拍的女孩。

有次她跟我说，楼里有人因为她晚归，没有跟她说而是直接告到了房东那里。要是跟她仅是楼道里打过几个照面，说不定我还会感谢那个向房东反映的人，毕竟深夜的灯光和声响多少也影响到了我。

若是当时没有机会去了解，只看表面，如今留在我印象里的，一定是个我不太喜欢的虚荣女孩。说不定还会成为我笔下的反面例子。

批判是多么容易，只需要上下嘴皮轻轻一碰，或者在键盘上敲打几下。就可以说她晚归扰民，爱美肤浅。但只是稍加了解，我就看到了她身上的许多优点。甚至，比我还要努力，更加无私、高尚。

我们也许永远不会有机会知道坐在自己身旁的同事经历过什么，下班后又会做些什么；更不会知道与自己擦肩而过的陌生人经历过什么，又在想些什么。

当年同班最其貌不扬说话"尖酸刻薄"的女生，在我生病的时候，帮我拎着东西，搀我回宿舍；

以前公司一个很难亲近的同事，每个周末都去做义工。

……

更多的人，我并没有机会去看到他的另一面；更多时候，我会不自觉用自己固有的偏见片面地给别人贴标签。

[理解和宽容是很难得的品质]

前不久地铁哺乳事件热闹了一小阵。

大多数能够引起广泛讨论的事情，可以探讨的角度很多，而且往往各有各的道理。当然被一致认可的是：擅自拍别人照片并公布到网上的做法肯定是极不妥当的。

有人支持公共场合哺乳，既不违反任何一条法律规定，又有母爱做盾牌；也有人反对，认为会给他人带来不适；还有人提到了公共设施的缺失等不合理之处。

照片中的母亲从穿着上看应该是来自农村，媒体的后续报道也证实了这一点。有人利用这一点来攻击她。

我却因为她来自农村，所以有更多的理解。

有些人借着批判别人展现自己的优越感。

我也是农村的，父母都是农民。我知道假如我没有一直读书，就会像我的一些小学同学一样早早辍学打工，很可能会觉得在公开场合喂奶没有不妥。

每个人的经历和处境千差万别，必然有各自的局限性。当你带着优越感和傲慢看不起一些人时，你在另一些人眼里不知道又是什么样子？

理解别人，是试着去体察别人没有言明的苦衷，不去片面地对人对事进行评价，不去随意贴标签。

［ 不批判，更不要把脏话合理化 ］

我对随便给人冠"婊"的做法很不赞同。只不过想请人帮个忙，一不小心成了"贱人"。猛然间听到，还以为这是有多大的仇呢。

当别人请求帮忙时，愿意帮助是皆大欢喜；不愿帮忙，拒绝的方式也有很多种。伸手求助的人有他的难处，也可能根本没有意识到这太麻烦别人，委婉提醒便是。何必恶语相向，给人扣上"贱人"的帽子。

也有人说"婊"就是一个表达方法，我并不赞同。但是即使忽略"婊"这个词本身带有的污蔑意味，至少也是典型地给人贴标签，而且往往是负面标签。

人从来不能简单地划分为两类。比如说，关注欢喜的和不关注欢喜的；化妆的和素颜的；已婚的和单身的。

每个个体都是不同的，有着他人甚至自身都难以理解的复杂性。片面的批判不能解决任何问题。尤其对有一定影响力的人来说，煽动情绪获得认同是相对容易的；然后呢？

我们已经不缺批判，缺的是理性思考，以及理解宽容。

你给自己希望，
便会收获满满

偶尔的机会在小区里认识了一个送餐员，已经将近三年的时间了。

他每天都很早起来，我出门上班的时候，他已经骑着车准备出发了。有一次，我问他，为什么每天这么早出发去送餐？他告诉我说，早点接到活，慢慢送。去晚了，拿到单子的机会就会减少。

他今年想继续学习。

每天心里想着自己还有一个梦想没实现，要不断努力才是。

我们周边常有一两个经受着不快的朋友，事业失败的、爱情不顺的、家庭不睦的……凡此种种，皆为生活。

人们常说，生活就是一场戏，演好了是喜剧，演不好是悲剧，不好不坏是正剧。

当然，好戏需要好导演，好剧本需要好编剧，好人生需要好演员，你就是那个最适合的主演。

不用羡慕他人的好，将自己看得一无是处。

当有人否定你时，心里要清楚，自己并非那么糟糕，是该你上场的机会还没到，做足准备，机会来了，上装、登场、展示自己！

当别人肯定你时，自己要明白，还有很多需要准备，自己的表现还有进步的空间，暗自努力，寻找最佳的时机。

　　《肖申克的救赎》有一句非常经典的台词是这样说的：希望是件危险的事。希望能叫人发疯。

［没有没希望的情境，只有对它们放弃希望的人］

　　单位的同事中有一个刚入职不久的计算机专业毕业生，因为考研失败，最近变得有些沮丧。

　　另外一件事，让他觉得不是很爽，他所在的这个团队，有很多能力强的人，这也让他倍感压力。有时候中午吃饭的时候，偶尔遇见，会和他聊聊，慢慢地，他也逐渐清醒了。

　　好的团队让他很快成长，他对自己的不放弃和对未来的期冀，也让他迅速理解了即便考研不成功，也仍旧有学习和晋升的机会。

　　我们平时用的一些专业的办公软件，他不是很熟悉，虽然也想试试，却心有余而力不足。

　　好在他能够清醒地认识到，自己有些地方还需要不断地学习提高，虚心找别人请教，让自己保持在先进者的行列，改变自己，让自己逐渐靠近希望中的那个样子。

　　有很长一段时间他都很早来办公室，看网络课堂学习，然后把当天学到的东西分享给大家。逐渐地，这变成了他的习惯，而这样的习惯，让他靠近自己的梦想。最终他站在讲台上给大家讲解内容，分享知识。

　　脚踏实地、戒骄戒躁，未必人人都行。也只有认识到自己的不足时，你才能发现内在的动力在哪里，需要向谁看齐，找到了差距你也就有了人生的方向，也只有这样，你才会不断地向前努力。

时刻提醒自己努力，即便有一天没有看到应有的风景，沿途的旭日和风，也未尝不是一种别样的人生。

[信念使你起身，希望让你坚持，爱带你到达终点]

到现在，学英语已经十多年了，昨晚总结了一下，线上线下的课程加起来，学生一共几十万了。这中间，收获了很多，也明白了很多。

2014年的时候，我带的一个考研的一对一的学生中有一个是中专生，考研两次均告失败，因为她年龄太小了，家里人希望她再坚持考一年。

但是，这对于她来说，实在是太难了。第一次考研英语成绩23分，录取分数线42分，对于一个学古筝的小女生而言，也已经是非常不错的了。遗憾的是，她没有能走进去自己理想的院校——中央音乐学院。

第二次考研英语成绩26分，离录取分数线还是差了几分。

第三次的时候，不知道家长从哪里找到了我的联系方式，慕名找到了办公室，希望我能带这个孩子，家长央求的心情我非常能理解，对于孩子而言，也一样是一种挑战，毕竟经历过两次以后，心灵受挫是多少都会有点的。

我了解了一下孩子的情况，因为没有学习方法，再加上对于英语的不敏感，让她最终觉得自己无法面对这道坎。

然而，对于我，这个孩子的潜力是巨大的。

饭后，我和她单独聊了近两个小时。之所以想坚持最后这一次是因为，自己从中专开始学古筝，到现在也已经十多年了。她对专业课学习非常有信心，唯独英语，是她最大的绊脚石。

我便问她，是不是想真得拿下，她很肯定地告诉我：老师，只要您教我，这次，我肯定非常认真地学。

[成功，需要修养和魄力]

我们约定，每隔一天学习两个小时，剩余的时间，我丝毫不干预，但是，在学习的这两个小时期间，必须非常认真，有效地学习。

坚持了一个月左右，她似乎知道自己的问题从哪里可以突破了。每天的鼓励让她对英语产生了浓厚的兴趣。开始的时候，我通过她喜欢的歌曲给她讲解单词，并从中摘抄她喜欢的歌词，然后让她自己唱出来，这样她就不会觉得厌烦了。

就在第三个月上课的一天，她告诉我说她从来没有认为英语这么有意思，好学。她明白了为什么以前自己不会的原因，也知道了怎样去把英语当成日常生活的一部分，而不是恐惧。

有一次，她告诉我：当一件事值得去认真做的时候，坚持下来，你会深深喜欢上它。

是的，就是这样，只要你喜欢，就坚持下去，定有所获。

[如同深夜不能阻止日出，难题也无法抹杀希望]

前段时间，我的一个大学同学给我打了一个电话，说了说自己这么些年来的成长。

她，小的时候因为高烧得了小儿麻痹，长大后个子不高，一条腿不能正常迈步。

但她坚信一点，当这个世界的灯熄灭了，唯独应该放光的是自己的那一盏心灯。

只要自己心中的那盏灯不灭，未来不会关闭所有的门，不让我们进入。

大学毕业以后，她进了一家做灯具出口的外贸公司，老板是个德国人，人也非常温和。

有一次她在德国出差的时候，问了老板一个问题，为什么当时聘用了她，老板告诉她说，就是因为她身上那种不服输、不放弃、努力的劲儿让她在所有的竞争者中赢得了最动听的掌声。

　　生命的坦途并非所有人都可以走，但崎岖的人生道路，一样可以妙趣横生。

　　她的第一个客户是在一个机场认识的，对方是一个外国人，不是很懂中文，在机场的时候弄丢了机票，飞机快起飞的时候才发现，在机场十分焦急地找寻着。

　　前台的工作人员也不懂德语，沟通起来十分不便。她便主动过去提供帮助，并双手递上了自己的名片，对于一个人高马大的人，看到这么一个个子不高的小女生而言，似乎没有什么可以担忧的，便没有拒绝地接收她的名片。

　　几经交流，彼此知道了对方的工作。天下故事真是无巧不成书，这个客户寻找的供应商正是我这个同学所能够提供的。她也在这一次"无心插柳"的情况下，认识了第一个客户，并且一直维护到现在。也给她带来了不少的财富。

　　我们无法决定自己的出身，可是我们有权利选择什么样的人生。你给自己希望，便会收获满满。

　　就像我这个大学同学一样，她坚信的东西就是为自己埋下希望之光，让生命灿烂！

见识越广，
越会努力

有没有想过，你是从什么时候开始，从看不上勤奋，到对勤奋肃然起敬的？

其实，你从来不是鄙视勤奋，你只是瞧不起只知道用力的勤奋。

小的时候，我们向往的是长得美，玩得开，活得酷，喝酒逃学谈恋爱，从不复习功课，照样成绩很好。

觉得用功的人，没有情趣，不懂得生活。

勤奋，约等于无趣吗？当然不是。

说到底，我们对勤奋的狭隘偏见，还是因为没见识。

你长得丑就一定会努力，你好看就不可能读得好书……是谁告诉你的？

直到长大以后，遇见越来越多优秀、朝气蓬勃的人，才知道你见过的世面太少。

去年9月我辞职的时候，前老板打趣地对：我说你看看，赖你爱写，满城风雨说你离婚离职去创业。

我的家里人反倒宽慰我说：普通人，看到马路上开着一辆好车，开车的人是女的，年轻，貌美，所有人的逻辑都是，哼，要么二奶，要么富二代。

你入行晚，专业不对口，没有背景，你怎么解释自己为什么那么年轻就当上时尚大刊主编，你还不老不丑不贪，家庭幸福，友情融融？

这不可能！

很多年前，在饭桌上，有个著名外企的高级职业经理人，洋洋得意地分享经验：

不要在国际航线的商务舱和女孩搭讪，她们不是富二代，就是二奶，惹不起。

当时我很尴尬，问他：

像我这种靠工作坐到前舱来的呢？

他一挑眉说：

你不是富二代吗？不可能。不是富二代，还肯那么辛苦做这种不赚钱的工作，那就是脑子有病了。

这个时代，已经有越来越多人，愿意像你我一样，以万分之一的可能生存。即便如此，中止无谓的争辩最好的办法仍然是——"对对对，我有病。"

曾经有个很火的网络爆贴，大意是讲，你老觉得人家在吹牛，显摆，装阔，炫耀，无论是炫耀财富、资源、名气，还是学识，其实，很有可能，这只是别人生活日常的真实图景，是你没见识过，才觉得不可能。

文章虽然很粗俗，但话糙理不糙。

看到好多艺人朋友在朋友圈转发，我特别理解他们的心情。

某个著名的科技自媒体，在订阅号下公示企业商业软文洽谈50万元起。

有人说："怎么不开100万元啊，这么显摆有必要吗？有人买才见鬼。"

经纪人告诉我，这个价格在科技、汽车、财经领域，是很常见的。一分钱一分货。商业市场不傻，供需关系、稀缺性资源，在很大程度上影响市场定价。别说给你50万元，就是给你500万元，让你把搓衣板跪穿了，你也写不出来啊。

后来，遇到过开价50万元买公号软文的客户，我便理解，哦，不是人家爱吹牛，是咱们没见识。

[成功，需要修养和魄力]

我妈老跟我说，以前年轻的时候，经济条件不好，看到国外杂志上印的漂亮衣服、鞋子，一件衣服要几万块，那么贵！谁买啊！大家都觉得肯定没人买。小姐妹们达成共识："我们不是没有钱，有5万块也不会拿去买衣服呀。"

后来，回头看看，那时候就是穷。

常年有各种小朋友吐苦水，抱怨同事、同学多么针对自己，控诉各种对方令人忍无可忍的显摆、吹牛、挤兑的故事。比如，在朋友圈晒包晒钻戒，晒富爸爸美妈妈，晒高学历老公、婆婆超级大红包，抱怨出国度假没订到商务舱要受罪挤经济舱等之类。

人家爱晒自己亦真亦假的日常，你却在心中呐喊一百万次：不可能！凭什么！

且不论，你是不是真的有那么重要，重要到对方要大费周章地为你演出一整套煞费苦心的朋友圈。

一边吐槽，一边还看，你觉得这样很好玩儿吗？有意思吗？为你的生活带来任何好的改变了吗？

究竟什么才是对你重要的事？别人的人生到底是富贵还是寒碜，对你来说真的很重要吗？比你自己的锦绣前程还重要吗？

你就那么没有自己的人生可忙，没有自己的事业可拼，没有自己的梦要追，没有自己的家庭需要用心经营了吗？

有一次小肥羊挨了骂，回嘴说，我一天只睡七八个小时啊，不多吧？话音刚落，立刻招来了在场所有的人的白眼：

不怪你不努力，只怪你没见识。

多年前，有个时装编辑，她怎么拍片都拍得进步不大，特别委屈，痛苦，跟我大哭说为什么我不行，我已经够努力了，我每次拍片都早上10点开拍，拍到半夜3点，就这七八张片子也拍不好，难道是我特别笨吗？

于是，带她去看一看她的前辈们是如何工作之后，立刻闭嘴了。

本来，她觉得自己付出已经够多了，当她看到比她优秀，比她资深，比她更有天赋的人，比她更努力更踏实，花更多的时间用更多的心时，她才知道，哦，原来想要得到这样的成果，本来就是要付出这样的心血。

从前只是自己没见识，给自己设置了错误的期望值，以为谁都可以随随便便成功。

我老说：

女儿啊，你像我，咱们笨，笨鸟得先飞，要早起，要看书，要随时做笔记，要学习，咱们不像有些人那么天资过人，我们耽误不起。

她很笨吗？当然不。她非常聪明，不仅有小聪明，更有大悟性。只是，最可怕的就是——

比你瘦的还在减肥，比你美的还在捯饬，比你聪明的还在学习，比你优秀的还在努力。

身在这样的团队里，有那么优秀的榜样在身边，你敢懈怠吗？你肯，你的自尊心也不肯。

勤奋是一种习惯，美好从实现改变开始。

坚守 修养

　　今年4月因为工作调动原因，我从长沙搬家到南昌。东西很多，一边整理一边打包。带不走的东西就扔到了小区里面的垃圾箱。

　　当我忙得昏天暗地的时候，突然有一个人在外面敲门。开门一看，原来是小区的保洁阿姨。

　　她约莫着50岁的样子，一身潮湿，逃出发夹的几根头发和脸上的水贴在一起，鞋子也湿了，地板砖上面留下一串鞋子的水印，胸前的物业公司标志特别醒目。

　　她嗫嚅着说："先生，您的身份证被当垃圾扔掉了。我到物业公司查了下，是您的。"

　　我拿过来一看，说："噢，没事，已经过期啦！谢谢你，你进来坐，喝杯茶。"

　　她下意识往后退了一步，说："不不，不坐啦。我知道过期了，但是身份证还是保管好，就怕落到坏人手上哟！"她说完转身就下了楼，留下我一个人在门口充满感动。

　　外面下着大雨，她冒着雨去物业公司查询，然后再冒雨折回来送到业主家里，就是怕身份证落到不法分子手中，而她的职责仅仅是打扫卫生而已。她知道自己身上潮湿怕把别人家里弄脏不肯进屋。

　　我想，一个人好的修养，莫过于此吧！

中国现代剧作家夏衍临终的时候，对家人说："我很难受，快请大夫！"家人说："好，我们马上去叫大夫！"夏衍说："不是叫大夫，是请大夫。"

大师临终前还能保持自身的修养，着实让人佩服！要体现一个人的修养，我觉得首先要看他怎么对待达官贵人和弱势群体。

以前单位有一个"知心大姐"，对待同事和领导都是笑眯眯的，做事积极主动，一副"马大姐"心肠，同事们都觉得她人很好。直到有一次在开水房发生一件事情，让我对她的看法有了一百八十度大转弯。

她在用开水烫完杯子后，隔了很远把开水倒入垃圾桶。刚好一个清洁阿姨过来打扫卫生，结果导致开水泼到阿姨脚上。

"知心大姐"大叫："你干吗啊！在这挡住我了！"她发现我也在洗杯子后，又笑眯眯示意打招呼。

清洁阿姨连忙道歉，说正准备清洗水槽。后来"知心大姐"踩着高跟鞋走开，脸上一副倒霉透了的表情。阿姨蹲在角落，卷起裤脚，看自己的脚，红肿了一大片。

我要她赶紧去看医生，阿姨说走不开，今天就她一人上班，找不到人代替。我又要她找领导投诉那个"知心姐姐"，她说她不想把事情闹大，好不容易找到一份工作。

她用冷水不停地打湿烫伤处，然后稍微包扎了一下又继续干活了！从此我和那位"知心姐姐"疏远了很多，我不喜欢会"变脸"的人。

为什么明明是在自己有错的情况下，为了挽回面子而把对方狠批一顿？

有修养的人会考虑自己的行为可能会给别人带来不便，如有过错，会积极承担和弥补过错。

很多日本人有一种叫"不给别人添麻烦"的精神，比如在公交车上闹脏了座位会打扫干净再下车，等等。

成功，需要修养和魄力

　　有一次在天桥上看到一个妆容精致、衣着华贵的女人从王府井商场出来，手里提满了袋子。一个老人跪在小木板上行乞，没有下肢。

　　女人停下脚步，想掏钱，却腾不出手来。乞丐友好地挥手，示意要她离开。女人却蹲下身来靠近乞丐要他来掏自己的口袋。乞丐用脏得发黑的手小心翼翼地从女人口袋掏出一张10元的钱。掏完钱，女人匆匆离去。

　　那一刻，我怔住了，那个远去女人的友善，令人起敬。

　　修养像是一串不能遗忘的钥匙，一盆每天必须浇水的花草。

　　坚守修养。

为人处世的修养
就是不占便宜

从小我妈就教育我不要随便拿人家东西，长大后我更明白欠了人情是要还的。

[1]

记得有一次坐高铁去郑州，身上带了点小饼干，包装也好看。

当我正吃得不亦乐乎，发现过道上一个小妹妹盯着我手里的饼干，一脸渴望。

我被她的样子逗乐了，随手拿了一包说：小妹妹，拿去吃吧。

本来她已经向我伸手，最后反而又缩了回去，脸上的表情变了又变仿佛做了一番激烈的心理斗争。对我说：妈妈说不能随便拿人家的东西，哥哥我不要了。

我说：那你跟我说谢谢，说了谢谢就不是随便拿了呀。

小姑娘甜甜地跟我说了声谢谢，接过我的饼干，兴高采烈地跑了。

没过多久，小姑娘又回来了，手里拿了个大苹果，对我说：哥哥，吃苹果。

我说：哥哥不吃，但哥哥谢谢你。

小姑娘说：妈妈说了，拿了别人的礼物，也要给别人礼物。你不要我就

[成功，需要修养和魄力]

不走啦。

我说：好好好，哥哥收下了，谢谢你的礼物。

这件事情给我留下了特别深的印象，这么小的姑娘都知道占人便宜不对，我想这便是教养吧。

［2］

小时候的我，还算长得比较秀气，叔叔阿姨见到我总会给点小零食。

这时我妈一定会说：不要随便拿别人东西，拿了都要说谢谢。

于是，这么多年来，我养成了一个习惯——不随便占便宜，假如非拿不可，最低限度也会说一声谢谢。

读书的那会儿，同学说谁谁谁生日请吃饭，问我去不去。

我摇摇头，说：我和他不熟，去白蹭人家饭不太合适吧？

我同学非拉上我去。

俗话说吃人嘴短，拿人手软。我还是在路过精品店的时候买了一份小礼物。

到地方的时候，主人看到了，说我太客气。

一顿饭宾主尽欢，他特意留下了我的联系方式。后来，我们俩关系变得特别好。

有一次我问他：咱俩咋会成朋友的，明明原来一点交集都没有？

他说：当年就你一个跟我关系不熟还带着礼物上我生日聚餐，我知道你这人有心还不爱占便宜。这样的人当然值得交。

[3]

去年，朋友托我办点事儿。

朋友有个熟人也跟我认识，知道了，跑来跟我说：听说你要办啥事儿，刚好我这也要办，你了解流程，顺便帮我也办了吧。

我想大家都认识，就送个顺水人情吧。

办好回来，告知他，事儿办好了。他拉着我的手，一通感谢，说一定要请我吃饭。

我一看到饭点了，我说择日不如撞日，干脆就现在吧。

他闪烁其词，只说下回下回。

当然，这件事情从此没有下文了，就连他在路上碰到我，都会假装没看见。

我向朋友打听这人怎么回事。

朋友说：这人就这样，啥事儿都爱占人便宜。以前总是求我帮他干活，说自己有啥事走不开，结果帮他干完，连句谢谢都没有。认识他的人都不待见他，他也知道自己不受待见，所以回回都换人占便宜，占完便宜就假装不认识，也就是你不在我们单位不知道。你看现在别说帮他了，谁会正眼看他？这人一点教养都没有。

我恍然大悟。

我说这个故事不是我惦记那顿饭，而是我想表达一个道理：爱占便宜之人，人恒厌之。

[4]

我妈有个闺蜜，在我出生前，她们做了好几年邻居，后来大家都搬家了关系却依然亲密如故。

我这个阿姨是潮州人，潮州人喜欢做卤水，每回卤了鸭翅鸭掌都会往我家送一份。

而我妈回回买了什么好用的物什也会往她家送去。

我曾写过一篇文章，通过人情往来这样的仪式，我们让彼此知道"我记得你、我在乎你、我需要你"。

我妈和她的闺蜜仪式感就十足，所以30年来关系都是那么好。即使现在，我阿姨抱了俩孙子，经常忙着带孩子，串门的机会少了，这样的仪式依然没有变过。

最近我家装修房子，每当我妈没空看着的时候，阿姨总是会自告奋勇。当她有什么事情要帮忙，我妈也是当仁不让。

不是说"重要的不是你辉煌的时候有多少人知道你，而是你落魄的时候有多少人记得你"。

凭什么人家会记得你，凭的就是人情往来这样的仪式。

懂得人情往来是为人处世的一种修养。

[5]

世界上没有免费的午餐，别人更不会认为帮你是天经地义的事情。

我和你不熟，我凭什么让你占我便宜。也正是因为我们不熟，所以我更不会占你便宜。

曹雪芹在《红楼梦》里写道：世事洞明皆学问，人情练达即文章。

通晓待人处事的方法，走到哪里都会有人记得你。所谓来而不往非礼也，有来有往大家关系才更紧密啊。

有人说我连自己都管不好，还管得了人情往来？

"穷则独善其身"，所以，你人穷可以，但别占人便宜，这是你独善其身的教养。

"达则兼济天下"，人情通达礼尚往来，这是你为人处世的修养。

［ 你开口为难他人
的姿态真难看 ］

［ 1 ］

最近闺蜜群里说起，为什么有人那么喜欢麻烦别人？

于是群里炸开了锅，大家纷纷吐槽。

自己好不容易能休一次年假，准备出国旅游，结果周围无论是亲戚还是同事知道了以后，都赶紧发来代购清单，从电饭锅到化妆品，从奶粉到电动牙刷，应有尽有。看着一张又一张的代购清单，只恨自己不是专职跨境电商。啼笑皆非之余，只能感叹这是多大的市场需求啊，这是机会啊。

一到校园招聘的季节，闺蜜群又纷纷躺枪。闺蜜们分散在各行各业工作。但只要一到校招季节，七大姑八大姨，学弟学妹纷纷来问，一时间都恍惚，微信上从来没说过超过三句话的人，纷纷跳出来，其实打听一下消息倒也无妨，但是大家谈论的点是一致的。

"听说你们那儿开始校园招聘了，怎么报名啊？"

"你们那儿今年招人都有些什么要求啊，都招什么专业啊？"

更有甚者，"你看看你能不能帮谁谁谁家孩子弄进电视台，要不然你帮他填个报名表吧，你们懂怎么填，我们也不懂啊。"

且不说这些单位是多么庞大的机构，校园招聘和我们八竿子都打不着，就说这什么时候开始报名，怎么报名，上哪儿填表，这难道不是自己动动手，用两分钟时间百度一下，马上就能出来的信息吗？

说到百度，群里继续炸开，对对对，好像他们都不会百度！

这让我也想到了一个经常碰到的问题。有朋友要去南美旅游，随手甩来一个微信就是，现在巴西天气怎么样啊，多少度啊，要带多少衣服啊？

我在巴西的时候，就随口说一说，最近不太冷，短袖什么的就够了，有人还不依不饶，那会不会降温啊，我看还是多带点长袖吧，万一降温呢。

每当这个时候，我就很无语，会不会降温，当然要去问天气预报啊。

[2]

很多人把麻烦别人当成特别理所当然的事儿。你要是去问他们，为什么要麻烦别人，为什么不自己去查一查，他们会非常理所当然地告诉你。

"自己查多麻烦，你不是知道吗，问你多容易啊。"

被麻烦的人听上去固然有些不爽，但仔细想想好像也是这么回事儿，因为你知道啊。

但真相往往比这个还残酷。如果别人问你，并且充分相信你说的，那咱被麻烦一回也没太大关系。可是大多数情况是，问你当地天气如何，然后说了半天，最后别人抱着怀疑的态度依然自己去查天气预报了，问你招聘要求是什么，都招什么专业的，问完以后还是自己上官网看去了，甚至问你煎一条鱼如何才能不粘锅的，你告诉了他方法一，他抱着怀疑的态度，依然自己去百度，并且很得意自己还查出了方法二，方法三。

麻烦别人了，还不相信别人。浪费的是大家的时间，消耗的是彼此的信任。

［3］

现代社会，大家的时间都很宝贵，白天要忙于工作，工作群一个个已经够多了，生怕哪个没看到，哪个领导的消息没有秒回，哪个分配下来的任务没有及时认领，冷不丁跳出一个微信问你一些本可以用同样的时间把问题输入百度就可以得到答案的问题，确实非常令人崩溃。

长辈们或许常常这么教育我们，能帮到别人地方尽量要去帮别人，你不能总是自己怕麻烦。但是当你拿一些特别小的事情就麻烦别人的时候，对别人而言，甚至都谈不上麻烦，那应该被称之为为难。

微信出现以后，大家麻烦别人的成本看似变得越来越低，只要在朋友圈上发个求助，或者给别人发个微信就行了。因为如果需要给别人打个电话才能去麻烦别人，那么很多人想一想，自己能解决，也就不打了。

好像给别人打个电话觉得不太好意思，但是发个微信又没有损失，必须发。

然后就出现了一堆为了省几块钱、几十块钱发微信求赞，求转发的。我常常想，人情就这么不值钱吗，为了省那么点钱，却要兴师动众搬出一堆朋友，即使你再礼貌，把一些乱七八糟的打折代购信息发到别人的朋友圈，怎么可能讨人喜欢呢。

能用钱解决的问题要不要用人情？这是一道送分题。

你为什么还常常答错？

［4］

麻烦别人也是一种本事。

同样一件事，同样是校园招聘，有师弟师妹问我的时候，主要问的是工作环境，工作氛围，晋升空间，几年之内能够学到的东西，特别具体而实在，并且我知道，这是你必须问一个内部人员才能够更加清楚的，你在网上搜来的，不是特别靠谱。这种情况，我当然会特别认真仔细，针对不同的人不同的情况，和他们一起分析，到底这份工作是不是适合他们。

而也有人就是直接甩来一条微信，央视要怎么考啊？

同样是一件事，当你想清楚自己想要知道什么，并且确实需要特定的人才能够帮到你的时候，你再开口求助，你有礼貌懂规矩，那么别人都不会拒绝你。

当你自己都没有想清楚，网上大把资料可以查询，你都一无所知，却要让别人来帮你从找资料开始，那么干脆你让别人替你去考试好了。

很多新东方的老师段子说完之余也会抱怨，大家就知道问老师，老师，我怎么才能过六级啊，已经教给你那么多方法，让你背单词让你去做题，你还是不依不饶，美名曰必须虚心问老师啊，张口的问题就是："老师，我到底怎么才能过六级呢？"这不是为难是什么？

当你开口为难别人的时候，姿态就很不好看，因为不为难别人这已经不是一种素质，一种能力，而是成年人应该具备的最基本的教养。

就跟知道什么该说，什么不该说，什么该问，什么不该问一样，这是一种教养。

$$\left[\begin{array}{c} 学会 \\ 欣赏平凡 \end{array}\right]$$

刚刚认识林木的时候，就觉得她与其他女人不同，无论是衣着品位，还是外貌气质，都格外出众。那时，她最喜欢说的几句话无非是：

"女人，就是要打扮得漂亮，才无愧这一生。"

"我好幸运啊，拥有那么多漂亮的朋友！"

每当她话落，我都心生羡慕之情，一个女人，不仅自己活得漂亮，身边的朋友也个个出类拔萃，果然物以类聚。

有时，我们走在街头，她看着蓝天会说自己的美好计划，要去敦煌、海拉尔，还要骑车去新疆，去这些地方之前，她还要前往法国定居一段时间。除此之外，她的计划里还有考研、考MBA、学钢琴、学茶艺……

前几次听，会觉得新鲜有趣，而后，听得久了，才发现她只是说说，很多计划都是空的，并没有任何行动，更别提真正实施。

接触久了，我才发现，林木比一般女人生活的压力要大许多，她的信用卡超额消费，长达几年一直偿还不清，但她的购物欲望很强，裙子更是买了一件又一件，若不喜欢，很快就会丢掉，她常常美誉自己会丢掉一切不适合自己的东西，却从未想过节省开支。

除此，她的工作也不稳定，跳槽很快速，稍有不如意，或一些轻微的摩擦，她绝不会迎难而上，更不允许自己委曲求全。她就盲目地走着，且一点儿没有意识到问题。

我们拿着酒杯高谈阔论，喜欢什么，向往什么，手舞足蹈，像个孩子那般兴奋，也像个猎人般捕捉着新鲜的事物，并对时尚评头论足。一旦这些华美的幻觉落到地面上，却如美丽的瓷器跌落，一地碎片。

认识林木已有3年，才发现，她热爱幻想，却只是幻想。她想做的事情一件件摆在眼前，工作换了一份又一份，男朋友找了一个又一个，却依然没有找到自己想要的生活。

林木经常感慨："等我赚到了几十万后，我一定要去国外生活一段时间！"她以此表达自己的情绪，却从没有分析过，她所向往的生活是自己能力远远无法达到的。即使目的地是可以到达的远方，也因她一次次过度消费，堵住了前行的路。

林木常常觉得自己怀才不遇，却没有认识到，能力，其实是一种后天积累的实力。它内敛而低调，蕴含着张力，却又异常朴实。

我们经常看到漂亮的女孩、帅气的男孩，衣着得体，出入各种高端场合，便误以为那是真实的生活。我们很容易被这个激荡时代的迷雾迷住眼睛。

有些人，他们欣赏美好的事物。欣赏相对容易，实现却要耗费气力。那些刚刚看到美丽新世界的人，更容易被突然而至的世界所迷惑。

实现愿望的过程，就是逐渐让自己实力增强的过程，表现莫过于愿意为自己的每一句话负责。真正有能力的人，看似平凡却低调。他们的承诺，努力去实现的脚印，以及足够的胸怀，才有品位。

不要让坏脾气 阻挡了你的前进

［为坏脾气埋单太贵］

我曾经为自己在公开场合的情绪失控付出特别高的代价。

一位公认难打交道的女客户，方案修改了无数遍依旧不满意，合同谈判了十几个来回依旧签不下，可是，这是我最重要的客户，占业务总量的50%以上。

想起自己辛苦而无效的付出，以及签不下这个合同的惨淡影响，我委屈又无助，悲从中来怒从心起，在电话里大声对她说：你的要求特别没道理，你也特别变态，别以为甲方了不起，我不伺候了！说完，狠狠摔掉电话，心底涌起"姑娘不受这口气"的爽气，只是，爽气片刻就被绝望覆盖，我趴在办公桌上呜呜呜哭起来。

直到同事拍拍我递纸巾，我才想起这是一间开放式的大办公室，当时，我是一个26岁的成年女人。

很快，我对重要客户发火的事人尽皆知，直接领导找我问责，一把手找我谈话，鉴于我的"不成熟"，部门准备把这个客户调整给别人。

女客户也绘声绘色把我们交锋的段子传给同行，我成了本事不大脾气不小的代表，以及行业里的一个笑话。

我的怒火既无法推进工作，也改变不了她的傲慢，还把自己扔进了坑里，平静之后，我不止一次后悔：我图什么呢？

我为此花费双倍时间扭转，结果怎样？结尾告诉你。

[脾气是男女之间杀伤力最大的冷兵器]

我的女朋友周周曾经说过两件她当着老公面发火的往事。第一次发火，他们结婚度蜜月，在旅行地的一家酒店自助早餐时和邻桌发生争执，周周说，当时对方不讲道理极了，妈妈纵容孩子不停晃桌子大声吵闹，她和丈夫无法用餐，她制止时和对方争吵，心疼她的老公自然不会袖手旁观，俩人联合把对方吵败了，得意地觉得"夫妻同心其利断金"。可是，晚上结束行程回酒店的路上，意外来了。他们被几个当地男人围住，老公被暴打，她被捂嘴控制在旁边，领头的男人说："教训下男的，不伤筋骨，别动女的，打完收工。"伤得不算太重，老公下巴缝了7针。周周说，医院里她握着老公的手，针每穿一次，她的心抽一次，她脑海里迅速闪过早晨那对母子，人生地不熟，谁会下重手？一定是结了梁子。客人的无礼，可以请服务生协助制止；旁边很多空座位，可以调整位置回避冲突，自己为什么一定要发火？她的怒火点燃了男人的好胜心，她成了老公的面子，把他架到胜负的高点，而争强斗狠从来都是杀敌一千自损八百，值得吗？不知道对方是谁，底线怎样，就敢随意出招，想起来都后怕。蜜月之后，只要老公在场，她尤其注意克制自己的脾气，克制是保护，护自己，也护别人。第二次发火，发生在她和老公之间，早已记不起原因，只记得半夜吵起来，她忍不住发火说重话，激怒了他，他甩门开车而去。次日早晨，她才知道，他心里烦躁分神，把油门当刹车，为了避让其他车辆撞上一棵树，好在人没有大碍。

周周苦笑，脾气是男女之间最锋利的刀片，刀刀见血，心和肉一起疼。

［把脾气调成静音，不动声色地解决问题］

据说，宋美龄非常善于控制情绪。

她一直对丘吉尔不满，原因是当年英、美、苏、中是同盟国，但是"丘吉尔看不起中国，罗斯福把中国看成四强之一，丘吉尔的态度一直是不赞成的"，这让宋美龄非常恼火，一直拒绝访英。甚至，丘吉尔到美国访问提出想见同在美国的宋美龄，她坚决拒绝。《顾维钧回忆录》描述，有人提醒宋美龄见丘吉尔会给对方脸上增光，她立刻表示："放心，我不会帮他这个忙。"可是，1943年11月，宋美龄陪同蒋介石参加英、美、中三国首脑开罗会议，她和丘吉尔不可避免地会面，两人有一段经典对话。丘吉尔说："委员长夫人，在你印象里，我是一个很坏的老头子吧？"宋美龄没有回答"是"或"不是"，直接把皮球踢回去："请问首相您自己怎么看？"丘吉尔说："我认为自己不是个坏人。"她顺势回答："那就好。"蒋介石特地把这段对话记在了日记里，他自己脾气暴躁，经常打骂下属，所以他特别欣赏宋美龄的外交智慧，夸她既不违反外交礼仪，也不违背自己内心。

外交和生活一样，并不靠脾气，靠的是实力。

［放狠话是"我没辙了"的另一种表现］

回到开头，后来，这个客户终于和我们合作了。

原因当然不是我发了火，吓住了难惹的女客户——搞不定的人就是搞不定，传说中的"精诚所至金石为开"的另一个意思是，"你有这闲工夫去干点别的，啥都能做成"，所以，两个合不来的人用不着在一起死磕，我礼节性放弃了对她的公关，转向她的上级和下属。她的上级是营销政策制定人，她的下属是具体工作对接人，虽然不如她直接，但她这条路不通啊，即便绕道远了点，也要走走试试。绕道之后，我走通了。我获得了她领导的认可，并且和她的下属相处融洽，决策者和执行人都开了绿灯，她的红灯也不好意思一直亮着，终于，她红灯转黄最终变绿。而我，学会了对情绪的冷处理。怒火是虚弱的前奏，是你对这个世界毫无办法之后最无力的发泄，解决不了任何实质问题，却烧光了你的清醒和内存，烧坏了别人对你的信任。搞不定可以绕道，虽然路远一点，同样能到终点。绕不过去还可以放弃，未必所有事情都值得坚持，放手有时是及时止损，甚至是另一个高效的开始。我们从来不需要把自己改装成没有情绪逆来顺受的怂包，但我们终究会懂得把脾气调成静音模式，不动声色地收拾生活。

生活那么多面，
何须仅从一个角度去体会

　　一个女孩躲在公园的长椅上伤心地哭泣，她最心爱的男友抛下她决然离去。仅仅为了一个和他相识还不到一个月的女人，他居然放弃了他们坚守了三年的爱情，女孩感觉自己的心像是被生生地撕成了两半。

　　一个好心人停下了脚步，他耐心地听完女孩的哭诉，慈爱地对女孩说："亲爱的孩子，你不过是损失了一个不爱你的人，而他损失的是一个爱他的人，他的损失比你大，你恨他做什么，不甘心的人应该是他呀。"

　　同样的美景总有人看出不同的味道，春花、秋月、夏阳、冬雪，有人能欣喜地发现希望与快乐，却也会在另一些人心中唤起一阵阵萧瑟的悲凉。其实，我们的喜怒哀乐会因为思考角度的不同而有很大的出入。生活中，不管发生什么事情，换一个角度去思考，尽量为自己找一个快乐的理由。我们应该尽量去笑，而不是哭。

　　常常深锁眉头，却忘记了不开心的理由；计较了一辈子，却不知道自己真正得到些什么。也许，我们背负的东西太多，不得不放弃了最简单的世界，把生活弄得太过复杂，也不过是自己给了自己累赘而已。回归自己吧，就像罗兰曾说过的那样：各人有各人理想的乐园，有自己所乐于安享的世界，朝自己所乐于追求的方向去追求，就是你一生的道路，不必抱怨环境，也无须艳羡别人。

　　有一位年轻的国王，他的国家非常强大，拥有数不完的财富。他想要得到的东西，大臣们总会想方设法地帮他找到，可是，他仍然不满足，仍然不快乐。

这种不快乐的情绪越来越严重，国王逐渐变得对任何事情都失去了兴趣，无论什么东西、什么事情，都无法让他开怀大笑。他甚至开始遗忘，快乐到底是什么样的心情。

大臣们想尽办法也不能让国王开心起来，最后他们听到一个古老的传闻，必须寻找到一个最快乐的人，把他的衬衫献给国王，国王穿上后，就会变得快乐起来。

大臣们不放弃一线希望，于是，不惜一切代价，在全国范围内寻找最快乐的人。可是，寻找了很长很长的时间，也没办法找到这样的人。原来，世界上最聪明的人，也有不快乐的时候；世界上最博学的人，也有紧皱眉头的时刻。

后来，一个聪明的大臣在市井之中，找到了一个世界上最快乐的人。听说，无论遇到什么样的事情，他都能保持愉快的心情，没有任何人、任何事情能让他感到伤心难过。

国王听了，十分高兴，连忙下令马上把这个人的衬衫拿到王宫里来。

这时，大臣显得很为难，他对国王说："可是，那个最快乐的人，他连一件衬衫都没有，他从来都是光着膀子的。"

我们总是在自以为是地追求着高质量的生活，以为快乐需要拥有很多，然而，我们的欲望没有我们想象中那么容易被满足，拥有的东西越来越多，也并不能让我们更加快乐。而你，是否也像那个富有的国王一样，总是寻找自己未曾拥有的东西，到最后却忘记了快乐的理由到底是什么。

如果我们的内心总是感到不满足，请不要归结为你拥有得太少。我们总是盯着未曾拥有的东西，而忘记了我们已经拥有的东西，那么，即使我们成为这世界上最富有的人，也不会感到满足和快乐；而如果我们能够变换看待这世界的眼光，就如同那个没有衬衫的人一样，感激每天太阳的升起，感激每一天的全新生活。那就会不同了。

经常换一种方式思考生活，才不会让你陷入欲望的深渊里，才会使你变得更加睿智。从不同的角度看问题，就会产生不同的想法。选择一个有利于自身发展的角度看问题，会起到积极的作用；反之，则会起到消极的作用。

如果家里买来了成筐的苹果，你是否总是先吃那些将要坏掉的苹果？几天下来，好苹果一直在变坏，可你每天吃的都是坏苹果。其实，如果先吃好苹果，结果会大不一样，关键是思维定式在作怪。

匆匆离开你的人，变成了你精彩回忆的一部分；曾经背叛你的人，让你更加了解这个世界；曾经恨过的人，让你从此变得更加坚强。其实，我们有更多的理由，抹去你记忆中的那抹灰暗，给它换上亮丽明媚的外衣。只是，你的心是否已经做好准备，从此以后，换一种看待世界的眼光。

那些让我们伤心难过的理由，如果能够换个角度考虑，会发现其实并不值得我们如此"大动干戈"，就像是桌子上盛了一半水的杯子，有的人沮丧地抱怨着杯子里只剩下一半的水了，有的人却欣喜地发现杯子里多出了半杯水。其实，一切都很简单，只要你能换一个角度来思考。

一个悲观失意的年轻人，感到活着毫无意义，感觉生不如死。于是，他站在悬崖边准备结束自己的一生。正当他准备跳下去的时候，一位衣着褴褛的老者，缓歌而过。

年轻人感到十分好奇，不解地问老者："老人家，您为何如此快乐？"

老人笑呵呵地回答："天地之间，以人为尊，我生而为人；星辰之中，唯日月灿烂，我能早晚相伴；百草之中，最是五谷养人，我能终生享用，我为什么会不快乐？"

年轻人若有所思，但仍然满脸忧伤："老人家，我觉得很自卑，觉得不如别人活得有价值。"

老者微微一笑，说："一块金子和一块泥土，谁更自卑呢？"

年轻人刚要回答，老者摆了摆手打断了他，继续说："如果给你一粒种子，去培育生命，金子和泥土谁更有价值呢？"说完，老者朗笑而去。

年轻人顿觉释然。

其实，换一个角度思考是很简单的事情，只要我们怀着一颗乐观的心去观察生活，就不难发现，生活展现给我们的，并不是我们感觉得那么糟糕，那么阴霾，那么没有希望。空气中弥漫的是甘甜的味道。

世界是美好的，只要你拥有一双发现美的眼睛。

[
不要抱怨，
努力去做
]

你问我，人有怎样的素质才可能成功。看来，你终于不再是那个无忧无虑的小孩了。

告诉我，你心中的成功是怎样的。做商人，腰缠万贯，不求做比尔·盖茨，但求刷卡时不皱眉；或者如明星，踩上红地毯时全世界都在关注你；或者简单些，你希望你喜欢的人喜欢你，而你希望得到的东西都可以得到——些许的名声，优裕的生活，开心的朋友，美好的爱情，足够的时间环游世界……

有梦想总是好的。不管你想要怎样的成功，可你该如何去得到那些你要的东西？我没有标准答案，可普遍意义上的成功人士都具有两种素质：学习能力和平衡能力。他们擅长学习，他们都可以从周遭发生的一切中获得养分。

具有学习能力的人，必须敏感，对一切和自己专业相关的事物有持续关注的热情。学习能力还包括给自己创造学习的机会，让别人给自己学习的机会。

关于平衡能力，我是后来才明白的。你或许要到工作时才能发现它的重要性。因为在工作和生活之间做到游刃有余是挺难的。

你是否觉得自己足够好，所以所有的机会应该主动来找你？那么我问你，你有没有为你自己喜欢的东西真的付出些什么？真正的喜欢，就是你每时每刻都会去做而且不想回报，但你自己还是觉得愉悦。如果你没有这种感觉，或许你只是在玩。

你懂得学习，就会拥有。

追求梦想是好的，但是要做好付出的准备。有得就会有失。

所以，不要抱怨。能够全力去做一件自己喜欢的事情，本身就是幸福的。

$$\left[\begin{array}{l}\text{想要得到足够重视，}\\\text{你得不可替代才行}\end{array}\right.$$

大学毕业后，丁莉进入一家外企担任前台。前台的工作非常琐碎，就是给单位接发快递，接待来访客人，让来访客人登记并领来客去会客室或者小会议室等待需要见面的本公司员工，公司聚餐或者开年会，要帮忙找酒店谈价格布置会场等等，甚至还要当保安：中午下班后大家出去吃饭的时候，丁莉要守护在走廊自己的岗位上，防止有窃贼进公司偷盗，只能靠同事帮助带盒饭。

最气人的是参加年会。她和行政部的一个文员小李被行政部经理派去买饮料以及啤酒，还有白酒。两个女孩搬着这么多的东西从超市走到200米外的马路边，累得喘得像伏天里的狗一样。其他的人都在酒店里喝茶、抽烟、嗑瓜子，为什么派她们两个女孩子来买饮料和酒？丁莉越想越生气。

她和小李把饮料放进包间的时候，发现单位同事们大家各聊各的，研发部经理笑得牙都龇全了，销售部经理更是乐得两眼眯成了一条缝，这两个都是老板的心腹爱将，年会上要当众发年终奖的，老板这人比较夸张，发年终奖的时候用个大菜盘，把一摞摞的大钞码在菜盘里。

丁莉和小李进来的时候，根本没有人站起来表示问候，他们依然谈笑风生，这让丁莉心中更加恼怒。

发年终奖的时候，老板声称按功行赏，给大家发年终奖，酒店的一个女服务员临时充当礼仪小姐，两手捧着大托盘，给销售部经理的年终奖是16万元，给研发部经理的年终奖是13万元，丁莉的年终奖发到手的时候薄薄的，丁莉打开看了看，只有1000元，本来丁莉还担心当场看红包合适不合适，但是，她环顾左右，发现自己多虑了，周围的人根本没有注意自己的，大家都在羡慕地看着销售部经理和研发部经理，这两位像土豪一般，怀里抱着一撂撂的钞票正在与年终奖拍照留念！

销售部经理和研发部经理，是年会的明星，不但老总给他们敬酒，就是其他部门的经理也主动向这两位明星经理敬酒。

基本上没有人向丁莉敬酒，她感觉自己就像个可怜巴巴的丫鬟，看着主人们在热闹。

丁莉郁闷地吃完饭，揣着少得可怜的年终奖，她心情烦躁地回到租房处。丁莉给父亲打电话说这个事情，然后抱怨公司太不公平了，年终奖的差距竟然那么大，自己忙乎一年了，才给1000元的年终奖，父亲沉默了一下，说道："我记得你租住的地方挂了一个石英钟，你看下几点了。记住，一定看钟而不是看手机上的时间。"丁莉满腹狐疑，不知道父亲在玩什么花样，不过，她还是老老实实地去客厅看了，然后告诉父亲是晚上八点二十七分。父亲问道，你刚才注意看秒针了吗？"丁莉觉得父亲问得很可笑，她强迫自己耐下心和父亲交流："秒针又不重要，谁看它啊！"父亲在电话里说道："傻孩子，你明白这些就好，就像钟表的秒针一样，每天24个小时都走个不停，但是，如果没有特殊情况下，大家绝大多数看的还是时针和分针，你现在的情况和秒针一样，因为大家觉得你不重要，就把你忽略了。你自己应该争气而不是生气，你应该把自己从秒针变为分针甚至时针，那就有很多人关注你、重视你了。你大学里学的财务，虽然找的工作不对你的专业，但是，你业余时间可以用来学习、备考助理会计师或者会计师，这样，你以后就可以应聘公司会计了，你见过哪个公司让会计打杂的？"丁莉听父亲这么说，心情一下子好了起来，她找准了自己的职场目标，那就是把自己"秒针的地位"转变为"分针的地位"甚

［成功，需要修养和魄力］

至是"时针的地位"。

如今，经过多年努力，丁莉已是一家大公司的财务总监，在公司里也是受老板重视受平级同事尊敬并且下属敬仰的"时针级"职场人物。

职场中，如果你被大家忽略被大家轻视的时候，当你满腔怒火愤愤不平的时候，当你感觉自己怀才不遇的时候，你要想想秒针，它每天走得那么辛苦那么忙碌，但是，大家看时间的时候往往把它忽略。不要生气不要抱怨，踏实下来勤奋努力吧，等你在职场上做出一定的业绩，等你变成职场分针甚至时针的时候，你就会得到大家的认可与尊敬。

与人交流，请尊重为本

我的一个同学小张，经常在别人聊起某件事时，发表评论："这东西没意思的！"

男同学玩手机游戏玩得很开心，他就说："这么差的游戏你也玩？完全没意思。"女同学最近在看韩剧，他就说："韩剧最没意思，那么傻的剧情你也看？傻子才看韩剧。"有朋友说公司最近去某地旅游，他就说："那地方没意思，根本没什么好看的，去了也是浪费时间浪费钱。没脑子的才去那种地方。"

总之，无论别人说什么，他都会打击别人说"这东西没意思"，然后讲出一连串理由来，仿佛他无所不知，同时别人错处多多，选的都是垃圾，同时还要加两句人身攻击的话。但实际上不管他说得对不对，大家都不想听，以后也不想再跟他聊天，分享任何事情。他态度太傲慢，就喜欢贬低别人的爱好。在他看来，只有他喜欢的，才是"有意思的"，别人喜欢的都"没意思"。

别人是来跟你分享一件事的，不是硬要跟你讨论什么大道理，你随口一句话，轻飘飘的，毫不负责，就把别人付出许多心血的爱好给打趴下了。这很不尊重人。

你觉得"没意思"不代表就没有存在的价值。你们喜好不同，也不要随意贬低别人的喜好。兴趣爱好没有高低贵贱之分。就算对方的喜好真的不好，也未必喜欢听你说教。

小张让人没办法接话的另一处是：别人跟他分享了一件事，他却要说出另一件事来跟别人比，一定要胜过别人，让别人尴尬。

有同学说："今年公司年会花了好多钱。"他立刻说："这算什么，某国际知名公司今年年会花掉几亿呢。"有同学说："我前两天考某某证书，终于考上了。"他立刻说："那个证书有什么用，这年头许多人都考了。"

别人出于好意与你分享一件事，只是想告诉你，分享他的喜悦、激动、八卦，不是在跟你炫耀。这种动不动就要比试一下的心态，难怪没人要跟他做朋友。谁要跟这种你分享了一件事，他立刻拿另一件事来压你的人讲话？好心情都没了。

人与人之间经常分享自己的生活，你恨不得告诉所有人你见过世面，要抢别人的话题，要暗示别人"你太落伍了，这不算什么"，相信没人会想再跟你分享任何东西。

有时候倾听就够了。谈论是正常的。但请不要高姿态，自以为是。别人未必不知道。大家是在聊天、分享、八卦、说笑，不是在开会，更不是在竞赛，比谁的见识高。

与人交流切记第一要点：尊重别人。自以为很懂这一点，却处处言行相悖的，实在很有必要好好反省下。包括你我。

就算你真的很厉害，很聪明，也不要太显摆。待人宽和，是最基本的礼貌。

别人未必不喜欢你的聪明与出色，只是你"太过显摆"的态度叫人反感。有些人很聪明，瞧不起人，说什么话都透露着一股"别人都是废物"的味道，这就是智商高情商低，不懂得与人平等交流。

可惜现实生活中绝大多数情况是：自己就是半吊子，偏偏还自命不凡，动辄口出狂言，贬低别人，简直就是没智商加没情商的典型例子。

还是我那个同学小张的事。

时常别人分享了一件事，这件事别人做得不是很好，任何一个稍微懂得与人交流的人都知道，别人有不对，你告诉对方正确的方式就行了。他偏要先加一些评论："你怎么这么笨的""这么简单你都不会""这东西太简单了""这样……这样……不就行了""太容易了""完全不费事的"语调上扬，口气格外居高临下。

也许他真的很聪明，但说真的，没人愿意再跟他这种踩着别人的人继续交流。

人与人之间交流，最重要的一件事就是尊重对方。不谈让别人喜欢你，如果你不想让所有人讨厌你，与人交流中，一切行为都要基于尊重对方的基础上。

你没必要奉承、巴结、讨好别人，但一定要尊重别人。别人说话，你可以偶尔插一句打断，但不要总是居高临下地开口就说：你这个想法有问题、你个傻子、这么简单的东西还要费这么长时间、太简单了、这样……不就行了。

是的，你聪明出色，对你来讲，某件事轻而易举就能完成。但这并不代表别人花很长时间做得没你好就是脑子有问题。而你趾高气扬地说"这样……不就行了"，实打实地就是在彻底地否定别人的辛苦的同时，还给别人贴上了"脑子有问题"的标签。

也许你觉得自己是在开玩笑、娱乐气氛，但说真的，被你说这话的人，未必这样觉得。而且你养成习惯了，身边所有人都不会再想跟你分享任何事，招你羞辱。

不要把自己的快乐建立在别人的痛苦上。这话我们都会讲，但实在有必要反省平时是不是真的做到了。别人有时候做得不好，你可以指出，谦逊是每个人都要学习的态度。尤其是当别人跟你没那么熟的时候。另外，你要真是高智商也就罢了，最怕你是自以为是的小聪明。

我没跟小张说他这些人际交流问题，因为我之前跟他讲过别的问题，他很不屑，说"这有什么，这根本不是问题"，还说我"脑子有问题"，语气跟"这个太简单了""这样不就行了"一样语气上扬。没办法，我只好尽量少跟他正面交流。

这种事，除非自我反省，别人讲了没用。所以我写在这里，与大家一起反省：有没有趾高气扬地显摆过自己，调侃、贬低别人，自以为是在调节气氛、开玩笑，对别人所做的努力大为不屑？不管有没有做错事情，都需要时常自省。

择其善者而从之，择其不善者而改之。

见识宽了，
心也就宽了

　　平时来问问题的女人很多，很多时候却让我无法回答。比如"男友是不是爱自己""跟已婚男人私奔""怀孕了男友却不管""失恋了忘不掉前男友""男友总是劈腿该怎么办"，等等。

　　当然不可否认她们是痛苦的，可为此类痛苦浪费时间是否值得？

　　别再到处问了，问题就在于你少读了点书，又少见了点世面，如果这件事情得不到解决，再强大的情感专家都帮不了你。

　　女人即便没能进入大学深造而早早走进社会，也可以利用业余时间逛逛书店带回一身书香，上网别只忙着游戏和网聊，去看看新闻、读读文章，了解一下除了男人，我们身边其他的精彩。

　　我们获取知识的方式有很多种，年龄越长越会受益无穷。别只是沉浸在言情小说的多金男和灰姑娘的白日梦里不愿醒，结果把每一次爱情都想象成童话，没有哪个人能够随随便便幸福，历经磨砺可见灿烂笑颜。

　　也别把时间浪费在用八卦标题抢眼的无聊杂志上。去读历史，去看世界，拾一缕诗词的香芬，留一丝情感的深涵。

　　女孩成长为女人要多见些世面。从小就生活丰富见识多广的孩子，内心世界也会积极健康，将来面对诱惑也就有更强的抵抗力。

　　如果你没有良好的家境那也没关系，长大后的你可以张开翅膀能飞多远就飞多远，年轻时不要害怕漂泊，那是勇敢者的游戏，不再年轻时不要害怕孤

［成功，需要修养和魄力］

单，那是生活的常态。你还可以一年一次远行，到世界的一边再回头看看曾经的困惑迷茫，或许就能付之一笑了。

你需要读万卷书行万里路，让自己多见些世面。谁说只有青春年少时才会做错事？长大了的我们或许因为更在乎某些结果，也就更容易在关键的时刻做出错误的选择，让过程成了折磨，结局成了遗憾。

原本我们应该越来越从容，至少看淡了心也就轻了，结果却是越大越疲惫，以为不能失去所以守得辛苦。容易被激怒的人，要么太脆弱，要么太敏感。你要么让自己变得强大，要么干脆学会承受。

我们总要在有了一些经历之后，才会明白在曾经的要与不要、爱与不爱里，我们或许可以做得更好，可如今却已经无法重来。即便我们对自己要求很高，也不可能做到尽善尽美，我们原谅了别人也应该原谅自己。一些爱得辛苦的情感往往得不到祝福，一些分得痛苦的男女多半还有爱恨在纠缠，而那些抱着过去不放的伤心里早没了爱情只剩下不甘。

有时候也是我们自己做得不够好，该留的不知道如何留，该走的却不舍得放手。爱的转身就是不爱，不可能在其中找到暖意，多少人仍在转身时徘徊于爱恨之间。

或许我们可以做得更好，因为成长谁也拒绝不了，如果该改变的不改变，不该改变的全改变，就不要说情易逝人难留，幸福总是难觅了。执着的路上过于固执的任性会让我们最终失去方向，执着就变得毫无意义，固执也就成了恶习。当我们在忽然间一无所有，你一定要先停下来看看自己，所有的得到和失去都一样，不可能没有道理。

太爱自己或是太不爱自己，你都会在不经意间错过了爱与被爱的遇见，留下了走与不走的遗憾。有时候，我们做不好可以先不要做，不把痛苦踩碎；我们做不到最好可以做到更好，不把温暖抽离。

多少人曾经有着浓浓伤感，只是可以放开，可以释怀，可以心安，让那些人那些事得以渐行渐远，模糊得再也记不起来。把圈子变小，把语速放缓，把心放宽，把生活打理得简单，把故事往心底深藏，把手边事再做得好一点，现在想要的以后都会有，等你自己可以发出微光的时候，就再也不会害怕寒冷了。

很多时候你不是运气不好，而是见得世面太少，心窄了生活就只有井口上的天，心宽了整个世界都会是你的。不要感谢那些伤害你和离开你的人，你应该感谢的是自己，那个还可以做得更好的自己。

成熟的人
懂得先闭嘴

［1］

上周看到一条新闻，南京市一家美容院门前，两名妇女当街吵架，双双中暑晕倒在路上，引发路人围观。经了解，两人为债务问题，头顶烈日在街头争吵近两小时，以致身体严重脱水，中暑晕倒。民警立即将医生请到现场救人。

吵两个小时，不算长。

也是近日，陕西两个女人，同样因为债务纠纷，吵了8个小时，抱着"山无棱，天地合，方可争吵停"信念，直到口吐白沫，小便失禁，双双倒地，这场旷日持久的争吵才告一段落。

民警以及围观群众即使进行了劝阻，并提醒双方当事人，有纠纷协调不了，可以走司法途径。可是，正在气头上的女人，完全听不进去。

吵架要是有用，要警察做什么，要律师、法官做什么？那么，明明解决不了问题，白白伤了身体，成为笑柄，为什么会这样呢？

"佛争一炷香，人争一口气"啊！只不过，这口气，不是用在学习，工作，锻炼等等提高自己的方面，而是在吵架时一定要用气势压倒别人，一定要当最后驳倒对方的人——不愿意，不可以先闭嘴。

为什么可以冷静解决的事情，要演变为抬杠，为什么抬杠会发展成争吵，为什么争吵会停不下来？都是因为上述愚蠢的理由。

[2]

在笑话那几个女人的时候，忽然间，想到自己，貌似这种不理智的事情也同样做过，只不过别人搞得动静大，一不留神，成了升级版，终极版。

可是自己从小到大，有多少次，因为在争执中没有做到最后一个说话的人，而耿耿于怀，愤愤不平；有多少次，像母鸡中的战斗机似的，竖起全身的羽毛，誓把不值一提的事要当一番大事业做，吵得轰轰烈烈，头破血流也誓不罢休，只是为了——不当先闭嘴的那个人。

为什么？因为觉得先闭嘴，就输了啊！

这样看，我们笑话新闻里的人，岂不是五十步笑百步？

有经济纠纷不能输，工作里有小矛盾不能输；与陌生人争不能输，和家人吵不能输……静下心来想想，这样活得多累啊！只不过自己非要当个裁判，莫名其妙制定了一个这样的规则，就义无反顾的冲个天昏地暗。

[3]

相传当年宰相张英的邻居建房，因宅基地和张家发生了争执，张英家人飞书京城，希望相爷打个招呼"摆平"邻家。张英看完家书淡淡一笑，在家书上回复："千里家书只为墙，让他三尺又何妨；万里长城今犹在，不见当年秦始皇。"

家人看后甚感羞愧，便按相爷之意退让三尺宅基地，邻家见相爷家人如此豁达谦让，深受感动，亦退让三尺，遂成六尺巷。这条巷子现存于桐城市城内，成为中华民族谦逊礼让传统美德的见证。

[成功，需要修养和魄力]

故事很早就读过，只不过太多的道理，知道是一回事，做到又是一回事。像一句话里说的：读了那么多的书，也没有过好自己的人生。

来剖析自己以往可笑的心理：

和先生吵架——你为什么不能让我最后说完？不为个事，就不能让我？

如果在老人家面前，还会想：不能输啊！自己家人面前输了丢脸，他们家人面前，输了会不会以后觉得我好欺负，都来找我麻烦？

在孩子面前（什么？最好不要在孩子面吵架，都发展到吵架了，谁还会考虑那么多）不能输啊，以后孩子也会觉得我可怜，一定要赢！

于是，吵架会没完没了，虽然很多次吵得累了，想想都不太记得开始的原因，想出来也觉得不值得，但是吵的本身好像被战火包装，赋予了神圣的意义，只能负隅顽抗。

［4］

直到有一次，我硬忍着，心里犹豫，要不要再次爆发，出个"佛山无影脚"，奉陪对方刚才给我的"狮子怒吼功"，在这暂停的几秒钟里，不经意间，我用余光看到了儿子，4岁的儿子，侧着小身子，对我悄悄竖起了一个大拇指，眼里闪动着一个收敛着的，有点胆怯，又表示夸奖的微笑。瞬时间，我的战斗力降到零点，刚才在心里挖好的战壕地沟，修建的城墙钢架，秒秒钟灰飞烟灭。

你有过忽然间觉得自己是个傻子的感觉吗？那时候，我感觉到了。眼睛里润润的，有点想哭。

儿子是在表扬我，可以成为先闭嘴的那个人。原来在孩子面前，吵架是可怕的，和好是圆满的，吵架赢了不光荣，先停下来的才是更了不起的英雄。

为什么要争呢？为什么怕输呢？其实是自己其实并不强大。

因为内心不够宽容，不够淡定，不够强大，还不能面对、承认这样的自己，才会纠结于小事，才会要争当那个所谓的"获胜方"。

很多事没有什么对错，很多事对了也可以让一步，很多事不争不吵还有别的方式解决。

[5]

《以弗所书》里劝诫教徒的《夫妻吵架十诫》中这样说：

在吵架中，谁可以先闭嘴，谁就是属灵的人，是比较成熟的人。不成熟的人是管不住自己的。靠着圣灵的大能在你的生命里踩刹车，我们属灵的生命就会越来越成熟。

我觉得这话说的很有道理。年近四十，不惑之年才真正明白"让他一步又何妨"透出的是怎样一种心境，怎样一种高度。

你的心是怎样的，世界就是怎样的，你的心是豁达的，就会发现世界是如此的美好安然，而当你总是被一点小事，一点小烦恼打败，执着于争吵，那还没有4岁的孩童懂事。

生活不会一帆风顺，难免会有不尽如人意的状况，希望我们能够成为内心强大的人，勇于认错，勇于，先闭嘴。

为你的成功找对方法

成功，
需要突破和创新

在任何行业、
任何领域，
想要成功，
需要突破和创新。

想成功之前，
不妨谈一谈失败

失败了怎么办？

帅气地承认自己的失败啊。反正都已经输了，至少要体面而有尊严地输掉吧。

其实啊，我们总在谈成功学，为什么没人好好谈谈失败学？

别找什么借口，失败不是成功之母，对失败有所反思并且贯彻于行动，才是成功之母。

那些失败的人，为什么失败呢？据我观察，主要是以下这些原因：

[不尊重规则]

每个领域都有它的规则。然而很多人非要乱来。

比如创业这个领域吧，创业者一定会听到一个理论：创业最重要的是高度聚焦。

我最欣赏的创业者傅盛就说，创业最重要的就是把开放式问题变成一个封闭式问题，一段时间内，你的团队目标只能有一个。

比如我之前的公司，同时开五个项目，三个网络剧项目、一个电视剧项目、一个剧评节目，当时所有人劝我这样不行。我的理由是一套一套的，什么都听不进去。

[成功，需要突破和创新]

事实证明，他们是对的。

即使你做的是一个项目，在这个项目内部，你都需要找到一个突破口，把这一点做到极致。

就像创业圣经《从0到1》所说的，只要你能把自己的核心竞争力提高到同行的10倍，你就能非常有竞争力。

比如你是卖小龙虾的，你的小龙虾品质比别人高10倍，口味比别人好10倍，你卖得肯定好。

然而总有人不肯这样干。

我有个深圳的朋友，她的创业项目是做蛋糕，她想开创一个很牛的蛋糕品牌，在深圳能够流行起来。

我问她，你的蛋糕最大卖点是什么？给我一个核心词。

她说，我的蛋糕不能用一个词概括，因为我的蛋糕首先是食材很新鲜很健康……

我说那好，你就主打全深圳最健康的蛋糕，花所有精力去把这一点做到极致，专门给小朋友吃，因为家长都很在意孩子的食品安全……

她说，可是我的蛋糕不只有健康啊，我们的抹茶口味特别好吃……

她家抹茶蛋糕我吃过，还真的很好吃。

我说那好，你就主打全深圳最好吃的抹茶蛋糕，只要很多抹茶控能爱上你的蛋糕，你就成功了一大半……

她说，不行啊，我的蛋糕口味还很清淡，颜值也不错，而且我家的蛋糕比别家的蛋糕更高……你不能用任何一个词去概括……

有些时候，什么都有，就等于什么都没有啊。

那别人为什么要买你的蛋糕？理由！我需要理由！

如果一句简单的话不能概括你的卖点，说明你的策略就是失败的。

围绕一个核心卖点，把它放大，这就是规则。

[不尊重成功]

有些失败者为什么失败，并且一再失败？

因为他们谈起别的成功者，会有一脸不屑。

他们最擅长的，就是从成功者身上找出短板，然后肆意嘲笑。

在居高临下的评判中，他们获得了虚无的优越感。

《欢乐颂》成功之后，我听其他影视公司谈起这部剧，有些人很不屑，说，这部剧价值观扭曲，旁白很生硬，结论是，还不是靠运气，投机取巧……

而有一家公司的高层说，他们认真地研究过《欢乐颂》，觉得它真的就是2016上半年最牛的国产剧，因为，第一，它在人物关系上突破了传统国产剧的模式，学到了"美剧"的精髓；第二，它的每一个人物，每一个情节点带出了当代社会的共鸣……

既有"美剧"感、又很接地气，这在技术上是很难实现的，然而这部剧做到了。

他们毫无偏见去对待同行的作品，单单这一点，就已经高于很多人了。

成功是不能复制，但成功一定有它的规律。我们要复制的不是别人成功的细节，而是规律。

其实，成功者往往很包容，以最谦逊的态度去学习一切。

失败者却往往满怀傲慢与偏见。

失败者要学会的，恰恰是对成功的敬畏。

[不尊重专业]

一个大四学生写信给我，说自己是哭着写完这封信的。

她很伤心，因为她开了个公众号，写文章，这两个多月，她已经写了好几篇了，还是写不好。单篇文章最高阅读量是23次。

开始她妈还看看，后来连她妈都懒得看了。

她觉得很委屈，为什么自己这么努力了，还是做不好？

我问她，你以前写过文章吗？

她说，上学的时候写过作文和周记，之后就没有了。

我说，你都没怎么写过，凭什么觉得自己马上就能写好呢？

她说，所以我才着急啊，姐，你能不能直接告诉我10天写好文章的速成法？

我说，我只有10年写好文章的速成法。

这么说吧，我觉得在任何领域，没有积累至少一万小时的努力，就想快速成功，都是做梦。

单说写作领域，没有写够10万字（10万字已经是最低底线了），你就想谈结果，与其说你是喜欢写作，不如说你喜欢空手套白狼。

以前我招过一个员工，她既不是科班出身，也从来没写过剧本，但是来我们公司第一天，她就说，她只想写自己想写的剧本，而且希望能马上拍成电影，马上成名。

我说你想写什么剧本？她给出来的几个方案，全是抄袭日本动漫的创意。

她对专业缺乏最基本的敬畏。

两年前我学插画，学了三个多月，觉得自己有点进步了，正得意呢，有一次，一个14岁的小孩来找我的插画老师，请他指点一下自己的画作。

我的妈呀，我瞄了眼那个小孩的作品，完全有夏加尔油画的感觉，有大师范儿。

我问我的插画老师，我完全没有画画的天分啊，怎么办？

插画老师说，这个小孩虽然才14岁，但她已经学了6年画画了，你才学了多久？你就乖乖画，画到100幅之后，我们再来讨论你有没有天分。

从此我就闭嘴了。因为我已经知道"专业积累"四个字有多重要。

如何避免再次失败呢？我的答案是学习：

从自己的失败中学习。

从别人的失败中学习。

从别人的成功中学习。

坦白说，我特别庆幸有上一次的创业失败，让我学会了对规则的敬畏、对专业的敬畏、对成功的敬畏。

失败，让我更加认清了这个世界。失败，更让我认清了自己，认清了自己的局限。

让你的思考
更有深度一些

我有个朋友是个理想型。他有想法、有激情、爱折腾。他想放弃现有工作去找一份天使投资的工作，虽没从事过类似工作，但凭借着内心力量的驱动，他花费了半个月时间研究，写了一份行业投资分析报告，随后投了简历。

这哥们如愿以偿地收获了面试邀请，看他给我描述时的神态还是有点小激动，说明那份投资分析报告获得了一定的认可。但面试时人力资源部总监问了几个问题把他问蒙了。

总监："对你影响最深的一本书是什么，作者是谁？"

他回答说了书中的几个观点，然后又说作者确实想不起来了。

总监："平时看科幻电影吗？"

他回答："平时工作比较忙，很少看电影。"

总监又问："你对什么痴迷？痴迷到什么程度？"

他回答："除了工作、看些书，确实没对什么事物痴迷过。"

面完试他就觉得对这些问题回答得很糟糕，心里有些隐忧。在返程的路上，他收到了总监的回复，说："通过同事们的综合测评，我们认为你的经历不合适这份工作。"

他有点不甘心，问："为什么面试没通过呢？"

总监回答："知识的深度和广度不够，缺乏远见。"

这一句话刺醒了他，多么痛的领悟啊。

深度、广度、远见，这不仅刺醒了他，也深深刺醒了我。

再仔细分析那几个问题，其实针对性很强。问什么书对你影响最深，意在考察你对这本书的理解深度。因为做天使投资，深度思考是基本素质。问看不看科幻电影，意在考察对未来的关注程度。拿这个标准来衡量自己，才发现自己对很多问题思考程度都很肤浅。想到一两个层面之后，就很难深入下去了。

平时也喜欢看书，也买了不少书，但基本等于白看。仅仅记住几个观点而没深刻理解书中的体系结构，不成体系的知识是没有多大价值的。看了但没真正消化，不深入思考，就无法消化变成自己的东西，跟没看差不多。

以前看过一篇文章叫《深度思考比勤奋更重要》，当时看完后也只记住这句话，没什么切身体会。但经过朋友讲述他的遭遇后，发现这句话太有分量了，于是又在网上搜索这篇文章认真地看了几遍。

该文章是晨兴资本的刘芹写的一篇演讲稿。

雷军给刘芹打了一个电话跟他说：我一直认为你做投资是有自己的独到之处，你能不能告诉我，到底怎么样才能做一个成功的投资者？你为什么能做得非常不错呢？

他当时给了雷军一个答案：我相信我极其勤奋。我相信天道一定能酬勤！我相信如果勤奋的话，一定能做一个非常好的投资者。他本以为这个答案至少能得到雷军的部分认同，结果没想到，雷军给了他一个观点。这个观点就是天道并非一定酬勤，给了他非常大的刺激。

后来他慢慢明白了，勤奋是必要的，但是勤奋是远远不够的。

深度思考很重要，深度思考决定人生。理解这句话需要明确几个概念，什么是深度？深度是触及事物本质的程度，深入理解事物本质是深，只了解事物表面是浅。

细细研究各个领域成绩斐然的人所做的演讲、写的文章，无不是对某个领域深刻思考的结晶。其思考的深度及远见一般人望尘莫及。

马云对电商的深刻理解及远见成就了阿里巴巴；周鸿祎对流量的深刻理解，带领奇虎发生天壤之别的变化。

但深度思考并不是深不可及的，一旦深度思考成为习惯，人生将大不同。

深度思考需要的前提：

1. 内心意愿

再好的事自己不想做也无济于事，内心有意愿才能开启思考之门。

2. 深度思考是自己的事

那些把读书当成自己事的人、懂得自学的人，通常混得都不会太差。深度思考始终是自己的事，一开始虽然很难深入，但时间久了有了自己的方法也就不难了。

3. 一个自己喜欢的领域

之前看《星际穿越》这部电影，感觉如果没有那种强烈的使命感和对亲人的爱，库珀是回不到地球的，同样也谈不上拯救人类了。你选择的领域直接影响你日后的生活。

4. 决心

光想是远远不够的，没有决心就会给自己找各种借口。"我没时间，工作都累个半死还有心思想这个。"今天不下定决心深入思考、研究，迟早是要还的。

更重要的是，想成事一定要早，时间不等人啊。想不深刻思考就成就人生，甚至成为人生赢家，真的是白日做梦。

找到自己深度思考的土壤，还得拥有一套开垦土壤的工具，即有一套深度思考的方法。

深度思考的方法论：

1. 知识量

不能深刻思考的根本原因是见识少，知识积累量不够。现在是信息爆炸的时代，每天都产生大量信息，但并不是每条信息都有价值。对信息首先要做的就是甄别有无价值。无价值的可以不看，重点是看有价值的。 真正聪明的人都是下苦功夫的，曾国藩读书的原则是一本不读完决不读下一本书。真正的好书不能求快，快即是慢，快即是无，理解最重要。

2. 思考

针对问题多思、多想。李小龙也曾经提过这个问题。他说不怕一个人会100种功夫，只怕一个人把一个招式练100遍。

好功夫需要速度、力量、技巧。练100种功夫每种都是浅尝辄止，不能实战；把一招练100遍往往可以一招致命。

3. 多维度思考

思考过程就像是盲人摸象，需要从多层次、多角度看待问题。要多层次思考，不能想到一两层就罢了。要按照一定的逻辑关系，把问题想明白。

4. 细节

有时候我们对问题认识不深，一定程度上是对细节不掌握，仅仅了解个笼统的概念不往深里追求。追得越深认识就越深刻，事物的本质都是被一层一层表象包裹着，不追问到底还以为表象呈现的东西是事物本质呢。这就误导了自己。

深刻是一种态度，事事不求细节，很难优秀。

5. 金字塔原理

《金字塔原理》是美国作者芭芭拉·明托写的一本关于思考、表达和解决问题逻辑的书。

金字塔原理是很好的思考和表达方法。在思考、表达的时候为什么要构建金字塔结构呢？

因为研究表明人类能够记住、理解最多的项目是7个。比如你写了一篇文章或做个演讲，把论据A、B、C、A1、A2、A3……一股脑地讲出来，恐怕别人很难理解。所以需要把多于7个的项目通过演绎推理和归纳推理组合成几组，同组内的内容按照因果逻辑、结构逻辑、程度逻辑展开，然后以此类推。

人的思考过程是自下而上的。金字塔原理是观点先行，先提出观点，然后通过归纳和演绎思考论据，把论据找充分。

上层是下层的总结，下层是上层的解释。

6. 概念清晰

以前看过一本幼儿教育的书，在婴儿咿呀学语的时候父母说话往往是把馒头说成"馒馒"、把虫子说成"虫虫"、把凳子说成"凳凳"。这本书建议别用这种语言和孩子交流，是馒头就说馒头，是虫子就说虫子，是凳子就说凳子。语言的基础是文字，文字又是思想和逻辑的基础，只有概念清楚，思想才能清晰、深刻。

7. 写作

写东西是整理思路的了方法，把所思所想与他人分享才能变成自己的。

写东西的时候刚坐下来可能一点思路都没有，但写着写着思路就打开了。写东西是深度思考的过程，它会把存储在大脑中的零散知识点调取出来，组合成有深度的思想体系。

你和成功者
差了思维方式

职场中永远都有一些佼佼者被人羡慕。每次年终总结，或者是会议活动结束后我们都能听到各种议论声。

"你看看小张，来公司才一年多就加薪升职两次了，这家伙是不是有后台呀？"

"阿花太幸运了，上个月又签了两个大单，这个月估计还是冠军。"

"其实，上次领导说的那个项目我当时也想申请加入，只是，当时没有举手……"

"阿君在年会上可出尽风头了，我觉得那首歌我比他唱的要好得多，只是我没有报名……"

我们总是用结果去论成败，殊不知，每个成功的结果一定是由无数次的失败和汗水组成的。其实，成功表面上看是一个好的结果，但实际上驱动成功的思维模式才是关键。我们这次用逆向思维来论证一下这个观点。不成功的思维是什么样的模式。

[舍不得投入]

策划部新招了2个大学生，一个A君，一个B君。两个人都是名牌大学的高才生，一个是中文系，一个是管理系。主管根据他们原来实习的经历让他们负责出文案，刚开始两个人的文案水平差不多，华丽的文字背后总是透露着一些青涩的味道。但是逐渐开始有差距了，A君的文章不时地给人带来惊喜，A君每天总是从后台调出数据做对比分析。相比下来，B君的文章一直都比较平稳，但也不会很差。

原来，确定了工作职责后，A君就在微信上陆续报了好几个写作训练营和微课，这对于一个刚毕业的大学生来说，可是一大笔生活费呀，但A君咬咬牙还是坚持下来。果然，他很快就摸出了写文案的套路。半年后，B君被调离了策划部。

一件事情是否会有好的结果，取决于你的投入度。如果啥投入都没有就想着有好结果，那是天方夜谭，不切实际。投入了不一定能成功，但没投入一定不会成功。

［跟不上趋势］

昨晚，简叔在"简叔的创业感悟"群了发了这样一条信息："晚上到家，发现阿姨在看一个视频，零星听到一些货币银行等关键词。让我非常惊奇，问她在看什么，说在看比特币……"

你看看，一个家里做家务的阿姨都能利用互联网了解咨询做投资了，这让我们众多的传统企业经营者情何以堪？

职场中的你对于直播、社群、微课、个人知识体系打造等都了解多少呢？或者说你有利用这些加强你的职场竞争力了吗？

［离不开自己的舒适区］

C君新到一家公司没多久就发现，老板对数据特别敏感，凡是汇报工作的、做总结的一定要有大量的数据分析，否则是过不了关的。这就要求你必须熟悉两个办公软件，一个是PPT要做得好，一个是用Excel来分析处理数据。C君"天生对数据不敏感"，所以对Excel的应用是既抗拒又不感兴趣。

职场中有很多人不懂得分析职场环境。不同的职场环境对能力和特长的要求是不一样的。所以，你必须因地制宜，不能只做自己喜欢的事、容易做的事，否则可能永远不会进步。离开舒适区才能更好成长。

两个月之前，我觉得写作和我一点关系也没有，而且也不是我擅长的。现在，我写了13万字，这是之前想都不会想的事情。我两个月的时间参加了十来个写作训练营，硬是逼着自己变成了日更1000字的写手。我离开了自己原来的舒适区，却发现了另外的一块兴趣天地。

[思想上的巨人，行动中的矮子]

我原来认识的一个朋友，他文笔一直不错，在我们一帮朋友中小有名气。好多年之前他就开始写作了，偶尔还在刊物上发表一下，他一直说要出书，但是若干年过去了，至今也没有行动。

前几天我们在一起吃饭，当得知我已经写了十几万字。很明显那位朋友的脸上起了变化。

不要做思想上的巨人，行动中的矮子呢。赶快行动起来吧。

能识小处者
事竟成

　　唐代，四川有个杜处士，喜爱书画，尤其珍爱当时画家戴嵩画的牛。他用锦缝制了画套，用玉做了画轴，经常把此画带在身边。他怕画受潮，就把它摊开了晒太阳。正当他观画得意时，有个牧童看见了这张画，拍手大笑，说："这张画画的是斗牛啊！牛的力气全用在角上，尾巴紧紧地夹在两腿中间。你收藏的这幅画上的两牛却摇摆着尾巴相斗，显然是画错了！"后来，杜处士把牧童的话转给了戴嵩。戴嵩经过对斗牛的观察，明白自己真的画错了。于是，他重画了一幅《斗牛图》，流传千古。

　　北宋，欧阳修得到一幅古画，画上是一丛牡丹，花下蹲坐一只猫。一位好友来访，一看到这幅画就说："画的是中午的牡丹与猫。"欧阳修好生纳闷，画中根本没有出现太阳，怎能断定是在中午呢？只见朋友指着牡丹说："假设画的时间是在早上，花瓣上应该会有露水，花朵也会有光泽，但这牡丹已有些枯干，是因为受到了中午阳光的照射吧！"接着，他又指着猫说："猫的瞳孔如果遇到强光，就会变得狭长。你瞧！这只猫的瞳孔眯成一条线，不就是受到中午阳光的照射吗？"欧阳修点头称是。

　　朱姝杰是云南丽江的一个爱好科研的中学生。丽江有一种特产叫雪桃，它味道好、营养价值高，销路极好。当地不少人家想靠种此桃致富，但桃苗很难培育。从小就对植物怀有浓厚兴趣的朱姝杰很想解决这个难题。桃核的一层硬壳阻碍了桃苗的发芽，她就想把桃壳砸开，直接用桃仁在春天育苗。可是，她尝试用铁锤敲桃核，桃仁几乎都被砸烂了，为此她十分苦恼。父亲带她去散步，父女俩走在乡间的小路上，她走着走着，脚突然踢到了一只桃核。她定睛一看，惊喜地发现，桃核是裂开的。她向一位村民求教，问这只桃核为什么会自然裂开？村民告诉她："几天前，这里阳光很强，桃核被暴晒，接着下了一场大雨，桃核在雨后就裂开了。"朱姝杰欣喜若狂，找到在春季大量培育雪桃苗的方法了。

朱姝杰回家后，收集了大量雪桃核，把它们放在烈日下晒上几日，然后把它们放到盆里，用冷水泡上，然后把它们捞起来，轻轻一敲，就纷纷裂开了。春天里，她把桃仁均匀地播到地里，不久，就从地里冒出了可爱的嫩苗。朱姝杰的有心，为丽江人解决了雪桃育苗的难题，她因此得了科学奖。

斐塞司博士有在午饭后坐在门前晒太阳的习惯。有一天，一只母猫也卧在阳光下打盹儿。当树影挡住照射猫身体的阳光时，猫醒了。它站起来，伸了个懒腰，踱到有阳光的地方重卧下打盹。每隔一段时间，猫都会随着阳光的转移而不停地变换睡觉的场地。一向有心的斐塞司，开始思考：猫喜欢待在阳光下打盹儿，这说明光和热对它有益。那对人是不是同样有益？之后不久，日光治疗便在世界上诞生了。日光治疗的创始人斐塞司也因此声名鹊起，获得了诺贝尔医学奖。

生活的小处藏有大观。生活里的细枝末节，看似平淡无奇，但你若能敏锐观察、用心体会、反复揣摩，即使是小处也能发现不同凡响的地方，值得我们去学习，去探讨，去发现，去创造。发明创造说难，其实也不难，创新始自小处，难道不是这样的吗？在人类创造发明史上，哪项发现、发明能离开从生活小处观察呢？达尔文通过对恶魔岛的长期观察，创立了具有划时代意义的生物进化论；巴甫洛夫从观察狗的唾液分泌中创立了高级神经生理学；牛顿从观察苹果落地的现象中发现了万有引力；瓦特从观察水蒸气冲动

[成功，需要突破和创新]

壳盖发明了蒸汽机；亨利·阿切尔从观察一个人用针刺邮票纸的个别现象发明了邮票打孔机。

记得有位母亲对儿子说："这个世界不是有钱人的，也不是有权人的，而是有心人的，你得做个有心人。"诚哉斯言！世界之所以是有心人的，是因为有心人能从生活小处发现大观，发现科学奥秘，发现真理。人生在世当注重小处，能识小处者成。

给你的新知识
腾点位置

[1]

有天，我与一位朋友在他的办公室聊天，他的一位下属进来报告工作，他与下属讨论了半天，纠结在用新方法还是旧方法的问题上。

下属走后，他向我直摇头，说，改变旧有的习惯真难，下属们总是很抵抗，不愿意接受和尝试新的方法，弄得他很头痛。

他忽然来了一句："要不，你帮我们的管理人员培训一下吧？"还没等我推辞，他让秘书过来，要求通知下去，说下午的培训课改为我主讲。

于是我只好临时凑合了个提纲，讲了讲打破旧习惯与学习新东西的心得体会。以下是我对讲课内容的整理。

[2]

我认为，打破旧习惯的方法，只有一个，就是尝试新方法。此时，首要考虑的问题，不是这个新方法能不能突破现状，而是至少你要有与过去不同的方法，才能有机会打破过去无法打破的瓶颈。

在尝试新方法的过程中，先不要过分去关注效果，不管是否产生效果，有不同的感受就达到了目的。

任何的新方法，都会对你固有的习惯和思维形成挑战，因此，用新方法的困难度，比用旧方法高很多。此时，用新方法本身就劳力费神，若你再去对比效果，还没等它真正产生效果，就已经被你否决了。这也就是为什么很多人学新东西，总是三天打鱼两天晒网的原因，因为他还没有耐心等到新方法形成习惯，产生实效，就已经将其放弃。

既然如此，为什么还要多学？这里牵扯到量变与质变的问题了。想想看，以前，是一对一，一种新方法对一种旧方法，新对旧的冲击力不够，自然是新的容易败北。但若你坚持不停用新方法，当10种、20种新方法与一种旧方法对抗的时候，不断出现的新方法所带来的思维方式和操作习惯就会撼动你对旧方法的坚持。

而且，这些新方法即使最后被你放弃了，常会有某个新方法中有效的细节会产生效果，被你自觉和不自觉地留下来，当这些小细节增加到一定程度的时候，产生的效果就会超过你的旧方法所产生的效果，逐渐会让你产生放弃旧方法的念头。

另外一个原因是，别人用起来有效的好方法，对你而言，未必也是有效的好方法。所以，急于将一个你仅从表面认知，没有任何体会的方法全面导入，彻底放弃旧方法，其实是一种非常冒险的行为。万一它真的不是你想象中的那么好呢？那你改弦易辙的成本，可能远高过放弃的成本。

所以，还是要多试，因为不断地试，就是你不断感受的过程，这就有点像你在下载APP，你下载的未必全部留下来用，有些点开看看就删了，有些试了试，不符合自己的要求和习惯，删了，还有些，用着不错，但总觉得缺一些自己需要的功能，删了。

在这种不断试用的过程中，一方面，它们各自不同的功能会如上所说，会修正你的思维模式和使用习惯，另外一方面，用着用着，就忽然会有惊喜出现，某一款，无论是功能，还是界面设计，就是你想要的，不仅效率高、效果好，而且，符合你大部分或者所有的操作习惯。这个APP，自然会是留下而不会被删掉的那一个。新方法的学习和实践，其实也是一样的道理。

[3]

但凡事皆有两面，如果我们学习新方法，仅从容易的开始，难的不愿去尝试，便会慢慢降低我们学习和接受挑战难度较大的方法的能力。

这就犹如阅读，一个只喜欢看漫画的人，初时觉得漫画好懂，所以从漫画入手，培养了阅读习惯，到后来，再让他去阅读以文字为主表达想法的书的时候，他可能就会产生阅读上的障碍，他可能读不下去，或者读不懂文字的意思。

这种在学习新方法的时候，适当地在"容易"中掺杂"不容易"的方式，犹如鲶鱼效应，会激活我们已经拥有的知识和技能的鱼群，让它们开始活动，而不是一直沉睡。能挑战和推动我们的思考能力，能使我们的技能持续提升的，其实大多是些与我们已有的东西发生抵抗，或者至少保持了一些让你不舒服的东西。

如此，你的思维、认知和体验，才会从懒惰和懒散中苏醒过来，保持一定的亢奋度，从而处于激活状态，去接受相较于以前更加"高级"的东西。

对一个人而言，能接受和理解的信息和知识当然是越多越好。懂得多，解决难题的能力就会增强。在解决实际问题的时候，我们对能装载和瞬间调动的东西是有选择性的，有取有舍。

也就是说，解决同样或者类似的一件难题的时候，我们调动和运用的知识和技能是有限的，这犹如一个修自行车的人，只要运用几样工具就可以了，所以他不必在维修台面上摆上所有的工具，那样反而会变成累赘，妨碍他的工作，造成很多不必要的麻烦。

［ 4 ］

凡学来的东西，都要进行消化和重组，再创造，从而让它从"别人的"，变成"自己的"，要据为己有。

要想得心应手，就要经心经手，经心是思考，经手是实践。在这个过程中，自然会产生称心称手的，也会产生不称心称手的。怎么办？称心称手的，自然要保留下来，留在你的工具库中，不称心称手的，就要放弃掉，丢掉，忘掉。

这是个比学和用更为艰难的过程。

有些人不会学，不会用，自然没有东西可用。

有些人，只会学，不会用，就变成了盛物的仓库，到头来，不知哪些能用，哪些不能用。

有些人学而能用，这自然是更上了一层，但精当与否，若不衡量和思考，就会变成未经挑选的工具柜，工具样样有价值，杀鸡却用宰牛刀，打蚊子用了大炮，错配了资源，有时候能解决问题，有时候适得其反。

到了这个阶段，便到了弃的阶段。

这里要弃什么呢？弃掉过多的知识，弃掉对你有干扰的因素。但此弃，非彼弃。这里的弃，并非说全部忘掉你已经学到的知识，而只指，在应用的过程中，你要决定调用哪些，而放弃哪些。但恰恰有些人，因为懂得多，而且，也可能都有效，就难以割舍，于是就全部搬出来。其浪费了很多资源。

　　《庄子·养生主》中，有个屠户说过有这么一段话："今臣之刀十九年矣，所解数千牛矣，而刀刃若新发于硎。彼节者有间，而刀刃者无厚。以无厚入有间，恢恢乎其于游刃必有余地矣，是以十九年而刀刃若新发于硎。"有人说了，这不就是庖丁解牛的故事吗？对啦，知识技能的应用，就应该学习庖丁解牛的技术，在万千刃中取一刀，一刀应用精当，自然常用常新。

成功需要
一点逆向思维

　　小陈是我20多年的朋友，我住五楼，他住三楼。他在一家工厂任副总，而我在一家媒体当编辑。一天晚上，他说要与我谈谈。

　　欣然前往，才知他是为了向我咨询投资商铺方面的事情。小陈这些年攒了一些钱，看到前些年不少同事投资商铺赚了大钱，他也想涉足。奔波数日，选了城区四处商铺，让我为他把把关，看哪一家商铺最理想。

　　第一处商铺位于城里的第一小学旁，目前人气旺盛，价格出奇得低，小陈说准备马上入手。我听了大吃一惊，这个地段商铺的人气主要靠第一小学，而我在媒体从业，知道这座小学五年内将要搬迁，原址极有可能成为公园。五年后这个地段的商铺价格将大跌，现在购入，肯定被套牢。听了我的分析，小陈也吃了一惊，连说难怪这商铺价格这么低，商铺主人催促签合同这么急。

　　第二处商铺位于江边，地段优异，面积有140多平方米，错层结构，缺点是门前只有一条小路，没有停车的地方，商铺前面是一个别墅区。小陈说，这间商铺价格十分实惠，与楼上的商品房一个价。我听了，又吃了一惊，这是一个人气惨淡的地方，怎么可以投资商铺。我如实相告，小陈补充说，这处商铺虽然人气不旺，但是有租客。他那天去谈价格时，就遇上了租客，租客说如果东家卖掉商铺，他还是要租在这里，如果赶走他，他是不会答应的。我听后，笑了，这是再普通不过的商道"双簧"计。但我没有点破，我对小陈说，如果这家租客搬走，你保证有租客能长期租你的商铺？小陈想了半天，答不上来。他显然意识到了这处商铺的问题。

第三处商铺位于主城区，是城里有名的休闲一条街，曾经辉煌一时。小陈说那里有一处商铺正在出售，据说好几拨人去谈过了。我只问了一个问题，这条街连个停车的位置也没有，以后还能称为"休闲一条街"吗？再说这条街已经破旧，市民休闲的地点早已转移到其他地方去了，这里只剩下推拿店和麻将馆，你可以想象这样的商铺还有多少商业价值。小陈听了，连说有道理。

第四处商铺在即将开业的沃尔玛超市边，但隔了两条街，而且商铺对面是一个住宅区。我给小陈举了一些例子，凡是一条街上只有半边商铺的，大都做不好生意。然后我给小陈讲了一个"定律"——沃尔玛一公里死亡圈，意思是只要一个地方有沃尔玛超市，那么在它一公里的半径内，所有小商铺会没有生存空间，因为没有一家小商店的商品价格能比沃尔玛低。小陈听后，连说你怎么知道这么多。

其实这些判断是我在编辑时政新闻、财经新闻过程中积累下来的，同时我又是一位旁观者，更容易看清问题所在。

这些年，我还目睹了身边一些投资失败的案例，我不是什么"投资大师"，但我总结出了一条经验，在这么一个商业化的城市里，如果你投资某一个项目，表面上看来可以轻轻松松占到便宜，那你就要当心了，这个项目可不可靠？因为你不太可能捡到从天上掉下来的馅饼。

要让自己的投资成功，需要做充分的市场调查，但许多像小陈一样的人，平时对政策、规划、信息等方面了解不够，很容易上套。要保证投资成功有一条非常重要的经验，那就是需要一点逆向思维，反过来思考问题，多问自己几个为什么，如果自己也答不上来，那这样的投资就要当心了。

[成功，需要突破和创新]

别在别人的成功里找自己

最近，琪琪老是找我诉苦，工作越来越难，家庭愈加不顺心，怎么日子越过倒大不如从前了。

当初涉世未深，以为什么问题都可以靠努力去解决，为此还深信不疑。可是走到现在才发现，怎么坚持成功的路就这么难。哪怕中途打个盹，起身时，都会在纵横交错的岔路口迷失方向。

那些与梦想息息相关的书籍资料，慢慢被一堆生活用品挤得只剩一点空间的时候，连我自己都忽略了它曾经压在我心里的重量。梦想、坚持、努力一类的词，像是密集在一起统统向我砸来，后来完全就是硬着头皮逼着自己前进。然后就越发地心慌，有时候，我都快被自己的焦躁打败了。我像走进了铁笼里，太多东西禁锢了我。越是读着别人的成功，就越觉得自己无能。

为什么别人可以不费吹灰之力就享受成功？而我却不能。

我有一个在南京认识的朋友李诗，前不久在朋友圈晒出国旅游的照片，配字：公司福利。

出国游是我一直以来想做的事情，虽说办个护照、拿着不多的钱也可以游，但单从经济条件来说，我现在是没有能力去做这样一件事情的。为了表示对她的羡慕，我打开了会话框，然后我们就聊起来了，聊人生，聊工作，聊梦想和时装。

她家庭富裕，从小学设计。在我眼里，她就像温室里的花朵，一切都按原定计划照常进行。我是非常羡慕这类人的，或许用嫉妒这个词也可以，不像我这样先天条件不好，撞得头破血流也闯不出名堂。

就在我说她的梦想轻易就可以完成的时候，她不像往日态度平和，竟有点严肃地反驳我了。她说，所有人都觉得她的成功理所当然，可这其中的艰辛却无人知晓：为了找灵感，熬通宵是常事。她爆瘦25斤。看着别人的作品一件比一件优秀，自己只有忍住浮躁埋头更加努力，争取拿出比任何人都好的成绩。毕业以后，工作不好找，吃喝还是靠父母。上班后，工作也不顺利。

她说每个人的成功都得之不易，根本就没有捷径可走。她也是在成功的道路上慢慢煎熬过来的，可她不希望有人质疑她"血战沙场"换来的结果。说罢，还发了一个微笑的表情，我明白她是一本正经地说的。这些都是她成功背后不为人知的秘密，果然别人只关心你飞得高不高，却很少有人问你累不累。光环下的她，的确被人羡慕嫉妒，可我们看到的结果和经历完全就是两码事。

就在这时，我突然想起，上学时，琪琪为了向左邻右舍证明她比我聪明，期中考的时候，足足半个月都熬夜。结果还是没我成绩好，她气得鼓着腮帮子，发誓再也不努力了，说努力也是白费力气。其实她不知道，她在做的事情，我也一天不落地每天都做。

难道半个月的努力就能超过坚持不懈的学习？她没发现，自己比以往前进了十几名。

五年前，老妈常对我说，你现在努力还不晚。可是今天，这句话依然响在耳边。

我是一个没有时间概念的人，时常会觉得什么时候是晚，什么时候又是不晚？七老八十算不算晚呢？初中毕业，我没有成功。大学毕业，我还是没有成功。直到今天，我还是无名小卒。

琪琪曾经问我，你到底想要怎样的成功？你所追求的成功到底是什么？那一瞬间，我竟然说不出这一个我每天都在愁思的问题。大概是想比现在过得好、不用为生活惆怅、开个服装店、有辆自己的车，然后满足地活着。

她又继续问我，你究竟为这个目标做了什么？我又哑口无言了，好像除了盲目地活着，我真的什么都没干，就知道愁。她这个人说话很直：你难道想天上掉馅饼，坐等着成功来接你？

以前和大人们聊天，我说的未来总让他们觉得可笑，还会被调侃小孩子的思想就是简单。我一直不信，我觉得我和他们不一样，我有文化，有独特的思想，我一定可以做得比他们好。后来才明白，哪里会有这么多成功白白等着你。

以前上过一堂课，老师拿来一枚鸡蛋。当时我们都很诧异，这节说梦想的课，为什么拿了鸡蛋就上了讲台。老师让自认为力气大，或者能握碎鸡蛋的人举手。当时抱着看笑话的态度，看一个两个人都握不碎，还觉得可笑，结果自己试了一下，果然很难碎。

然后，老师说，不管是梦想，或者其他什么事情，永远没有我们想得那么简单，也从来不存在轻而易举的成功。

那节课，我印象很深刻，完全被老师的一字一句震撼到。好像就是说到了自己心里，轻而易举从不会存在。你想成功，就要付出比别人都要多的努力。你要保持走在别人的前面，才有胜出的可能。别人可以，你也一定可以。

这人生路还那么长，我不能被打败。总活在别人的成功里，你就永远找不到自己。

我现在就要去告诉琪琪，我们青春的那股劲还要使出来，让自己瞧瞧，它到底厉不厉害。

比起做白日梦，
你更应该选择去努力

生活不是童话故事，太梦幻的日子并不适合你。我特别喜欢你低下头认真做事的样子。

那一天，我记得特别清楚。阴天，落大雨，我穿着单薄的小西装外套，脚踩8厘米的高跟鞋，在繁华的宁波老外滩附近，逆着风艰难步行。任由冷冰冰的雨水打在脸和衣服上，有种刺骨的寒意。

一个人在风中踽踽独行，却只换来了一场姗姗来迟，又草草结束的面试。

认真用心地准备一场面试，按约定的时间抵达用人单位，结果人家主管说放你鸽子就放你鸽子，连一个解释都没有。随便地让公司里的一个文职人员敷衍地走了过场。那种感觉真的挺伤自尊的。

回学校的路上，走到十字路口等绿灯，被从身旁扬长而过的汽车溅得一身泥水。躲闪不及之余还崴到了脚。

走在天桥上，目光掠过那车水马龙，川流不息，陡然生出几分被世界遗弃的苍凉感。

看见不远处的541，满载乘客飘然而逝的背影，我知道，我只能等下一班公车了。

雨天外滩附近的出租车更加难打，即使好打，我也舍不得花那个钱。找人来接吗？找谁呢？况且，天很冷，那里离学校又很远。而我又一向不喜欢麻烦别人，最怕欠别人人情。能够自己搞定的事情，绝不会麻烦别人伸一根手指头。

还不如等。虽然明知踩着高跟鞋挤公车是一件很悲催的事情。不是东倒西歪，就是人肉夹馍。于是忍着脚踝的疼痛，在风雨中瑟瑟发抖地等下一班车。偏巧身旁站着一对情侣，旁若无人地卿卿我我，甜腻得不得了。我很识相地离他们远一点，再远一点，很努力地减少存在感。

也许是我巨蟹座的神经过于敏感脆弱，又或者是冰雨冷风又孤零零的情境渲染，一时之间，我忽然想起了很多人和事。家人。梦想。曾经喜欢过的人。最想要做的事。最想要去的地方……

想着想着我就明白了很多。姑娘，你要努力，如果你不努力，你想指望什么？你能指望什么！

是你觉得自己够聪明、够漂亮，还是你自信自己既聪明又漂亮？

是你家里有显赫的家世背景，足够的金钱？

还是说，你有偶像剧女主的主角光环，恰巧有一个既死心塌地又心甘情愿地养你的男朋友？即使他说愿意养你，你敢让他养吗？你就不怕，哪一天你们两个闹情绪吵架，他冷不丁地冒出一句：你连人都是我养的，有什么资格跟我吵？你就不怕，哪一天，他累了倦了，嫌弃你不独立、不干练、没主见？

姑娘，你要努力。如果你不努力，你想指望什么？

指望在你困窘落魄到没钱吃饭的时候，会有一个男人出现，温柔的牵着你的手去共进晚餐，还是他为你亲自下厨，棱角分明的轮廓经灯光投下一个好看的剪影？

指望在你被高跟鞋折磨到疼得一步都不想走，恨不得把鞋子扔掉赤脚走回家的时候，有一个人出现，背着你走完这段路，还是他摇下车窗温柔地对你说，上车吧，我送你？

指望在你遇到困难和挫折的时候，痛彻心扉的时候，有一个英雄站出来，为你披荆斩棘鞍前马后遮风挡雨？

还是说指望自己刚走出校园就发现，早已经有人为你铺好路、搭好桥，从此一帆风顺，衣食无忧？

姑娘，你今年几岁了。还在做这种王子灰姑娘的白日梦。喜欢看玛丽苏偶像剧不丢人，但活在这样的幻想中却很可怕。生活不是童话故事，当公主或灰姑娘遭遇危难时，总有骑士或王子出现拯救她们。你想太多了，哪里有那么多完美结局。

我一直记得读中学时在《扬子晚报》上看过的一篇关于郭德纲的文章：

他说："我小时候家里穷，那时候在学校一下雨别的孩子就站在教室里等伞，可我知道我家里没伞啊，所以我就顶着雨往家跑，没伞的孩子你就得拼命奔跑！像我们这样没背景、没家境、没关系、没金钱的，一无所有的人，你还不拼命工作，拼命奔跑吗？"

姑娘，你不努力，你想干吗。姑娘，你要认真地工作，你要努力地赚钱。这是为了你自己将来能过更好的生活，也是为了让你的父母在年老体迈没有经济来源时还能够安享晚年。是为了当你有了想要吃的东西，想要穿的衣服，想去旅行的地方时，可以毫不犹豫地为自己潇洒埋单。是为了爸妈以后逛超市、商场的时候，能够像小时候舍得为你花钱买东西那样为自己买东西。是为了他们在同街坊邻居、亲戚谈论到你的时候，是一脸自豪或是一脸安详。毕竟，他们已经为了你奔波劳累了大半生，你不该让他们的后半生享点清福吗？

姑娘，你要好好照顾自己，好好地爱自己。即使是单身一人也要活得多姿多彩。你要记住，这辈子，除了父母至亲，你不为任何人而活，你只为你自己而活。你更加要清楚，你对自己的人生负有不可推卸的责任。

姑娘，不要害怕一个人。单身，意味着你还有选择的余地和空间。单身，说明你有足够的耐心和勇气去等待那个值得拥有你的人。不要因为随随便便一个男人送点礼物、说点甜言蜜语，你就芳心暗许晕头转向了。你要知道，并不是所有的女孩子都会有好几个备胎，但大部分的男人都会排好几个队。往往对你最穷追不舍的那一个，如果不是出于真心喜欢，那就是你最先给了他可以继续、容易下手的回应。

如果一个男人真心喜欢你，他会选择你喜欢并且接受的方式对待你。同时，他会给你时间做决定，一定会等你的。那些在你犹豫要不要接受这段感情时，转身就离开的人，其实并没有那么喜欢你。

是有那么一部分男人喜欢小鸟依人柔情似水的女孩子，这无可厚非，毕竟，各花入各眼。但如果你们已经恋爱了，在一起了，他才说，不喜欢你这样的性格，觉得你好强又独立。那么，很好，你可以立刻让他离开了。小区出门右转，打车，不送。因为他根本一点都不了解你。真相不是你好强又独立，而是你非常没有安全感，因为你知道，自己如果不坚强，懦弱给谁看。这个世界上只有两种女孩子，一种是幸福的，一种是坚强的。幸福的一直被捧在手心里，从来就不需要坚强，坚强的那一些，却是不得不坚强。

张爱玲说过："我要你相信，在这个世界上总有一个人在等你，无论在什么时候，无论在什么地方，反正总有这样的一个人。"

你才二十几岁，你还有大把的青春年华。我不想你现在就将就，委曲求全地跟一个你并不爱的人在一起。那样，对他不公平，对你更不公平，你把仅有一次的人生浪费在不值得的人身上了。我怕你连年轻的时候都不敢大胆地追求心中所爱，等老了，就只能追悔莫及空余恨了。

姑娘，你一定要努力。很快，你三字头的年龄就要来了。你不指望自己，你还想怎样。你问问自己，如果只是喜欢当一只单纯无知的小白兔，每天捧着奶茶等人来照顾你，你如何经受得起以后的漫长岁月？你就不担心你天天喝奶茶过完二十岁，等到三四十岁的时候，你身上没有任何时光沉淀过的优雅和美丽，脚下只剩一堆脏兮兮的奶茶吸管吗？

姑娘，别白日做梦了。生活不是童话故事，太梦幻的日子并不适合你。我特别喜欢你低下头来认真做事情的样子。认真的女人才是最美丽的。

累一点也好，苦一点也罢。如果你现在就对自己各种放纵，将来你指望用什么条件来放松？别忘了，你拼不了爹，也拼不了男朋友。你今天付出的所有的努力和辛苦，都是一种沉淀，它们会跟随时间的魔法帮你成为更好的人。现在拼命工作，努力赚钱，是为了以后不再为金钱所累，是为了不让别人有机会用金钱考验自己的本心，是为了将来可以做任何自己想做的事情，去任何自己想去的地方。

姑娘，好好爱你自己，再苦再累，照顾好自己。多疼多累，撑不住的时候大吃一顿，喝点小酒，找一两个知己好友，发发牢骚吐吐槽就可以了。要知道感同身受这句话说起来很好听，但真要实践起来无比艰难。就像富二代和逆袭的人在一起玩，你羡慕他励志，他却羡慕你有钱。

生活永远在别处。别人的安慰，听到了会心一笑，事后，甩甩头就忘掉。如果你打算指望着依赖着别人的安慰活着，那么你想错了。

前天晚上，在微博上看到这张照片。恰巧像本文作者在开篇提到的一样：白衬衫、窄裙、8厘米的高跟鞋……

这个年轻的背影，充满了疲惫。看着让人有些心疼，再联想到自己也曾以这样的背影穿梭在自己的城市里，又不禁有些心酸。

翻看网友的评论里有这样的一句话："毕业进入社会，就像小美人鱼和女巫的交易，鱼尾分裂成双腿，站起来了，但是每走一步却像踩在玻璃渣上一样的痛。加油哟，年轻人。"

是啊，每个在社会打拼的人，都像小美人鱼一样，忍受着剧痛在蜕变。你不能因为怕痛就放弃蜕变，否则你会错过走在广阔土地上的机会。

努力，是我们能做的最好选择。

没有谁的成功
不是披荆斩棘

[1]

姑妈家的大表哥，一直是父母们眼中那种别人家的孩子。

从小到大，他都是两耳不闻窗外事，一心只读教科书，爱好学习，成绩优秀。家里面有整整一面墙壁，被用来展示他光荣的学习史。

每到逢年过节，大表哥都会被家族长辈们拉出来，当成学习楷模，然后对我们其他晚辈进行严厉的言语打击和深刻教育。

可以这么说，我们所有童年的阴影，很大一部分原因都与大表哥有关。

这种情况一直持续到大表哥高中毕业。

第一年应届高考，考试那几天他恰逢重感冒发挥失常，刚好过一本线。这对于一直便把"985"作为基本起点的表哥来说，自然无法接受，志愿都没填便扎进了复读的队伍。

那一年，他的体重由一百九斤降到一百四斤，所有人包括他自己都认为清华北大没问题。

可造化弄人，成绩出来后，反而离重本线都差了几分。

家族的长辈们虽然都是齐声安慰，但背后也都暗自嘀咕，这孩子应考能力不行啊，果然还是不能读死书……姑妈也不想他承受太大的心理压力，不愿意他继续复读。

[成功，需要突破和创新]

［2］

我不知道那段时间大表哥是怎么熬过来的，他把自己关在房间里一整天，出来后便对父母做出了不再复读的决定，让姑妈他们松了一大口气。

我问他为什么放弃了，大表哥说，没必要把时间和青春耗在这里，后面还有机会。

其实我知道，很大一部分原因便是他不想让父母担心。

暑假过后，大表哥便拖着箱子决然地去了吉首大学。

大学期间，尽管仍可以经常听见他获得各类奖学金的消息，但长辈们终究不再将他当作别人家的孩子。

大四那年参加考研，他把目标定向了本专业的顶级学校：上海财经大学。第一年败北，但得益于成绩优秀，毕业后有银行向他伸出了橄榄枝，姑妈他们自然是非常高兴，可无论他们怎么劝说，一向乖巧听话的大表哥，都坚决地予以了拒绝。

后来家里因为这个事情越闹越大，很多亲戚也加入了劝说的阵营，大表哥干脆一个人提着箱子又回了吉首，在学校旁边租了房子，专心考研。

那年十一月份，我和同学去凤凰旅游，途经吉首，在车站旁边一家火锅店里，大表哥招待了我们。我询问他近况，他用一句还好便回答了所有。

其实我知道并不好，很明显他的眼神略显疲惫，而且相比以前又瘦了。现在的样子任谁都不会想到，他曾经是一个超过一百九斤的人。

[3]

在去车站转车的路上，我几番欲言又止，最后他看出了端倪，笑了笑说你是不是想说我为什么宁可过这样的日子，也不愿听你姑妈的，选择去银行工作？

我委婉地说，我只是觉得如果当时就参加工作，几年的沉淀未必就会太差。

他看了我几眼说，你说得对，未必会太差。但我也没错，因为我想更好。

我小心地问，万一又没有考上你准备怎么办？

他顿了顿，说我知道你们都认为我偏执，但其实我没有，我只是在我还奋斗得起的年纪里，绝不容许自己选择妥协与放弃。

上车后，我望着他瘦弱的身子套在红黑相间的羽绒服里，形单影只地踏上回去的路，最后一点一点地消融在熙攘的人群中。

他对这座城市或许没有多少热爱，梦想成了唯一让他在此驻留的理由。那一瞬间，我突然觉得有些感动与难过。

同行的同学说，其实你表哥没有骗你，他是真的很好，就和我们旅游一样，再累也觉得开心，我们体会不到他那种为了心中的信念，不断奋斗的乐趣而已。

或许老天和他开玩笑上了瘾，大表哥二次考研再次败北，这时候父母以及家族里的长辈们都不再言语，只是暗地里为他当时拒绝银行的决定而摇头叹息。

虽然他再次选择了拒绝调剂，却也没有再说继续坚持，而是默默地在长沙找了份工作，和普通的上班族一样，工资三千元，朝九晚五。唯一不同的便

[成功，需要突破和创新]

是，在这座号称娱乐之都的城市里，下班后他不向往其他人所热衷的夜生活，而是选择关在房间里埋头耕耘自己的梦想。

幸运之神终于在第三次考研后降临，他收到了"上财"的录取通知书。我祝贺他，说恭喜你再次成为别人家的孩子。

大表哥笑了笑，一脸神秘地打趣道，这才中途而已，可不是终途。

果然，几年后他又收到了斯坦福大学的通知。

在家庭庆功宴上，大表哥梳着油背头，西装革履，精神焕发。我突然忆起了那年在吉首汽车南站，他的眼神写满疲惫，裹着红黑相间的羽绒服，在寒风中向我挥手告别。

[4]

如果不是那个记忆犹新的场景，我差点就忘记了他曾将自己置身在举目无亲的湘西边陲小城里，只为让自己远离流言蜚语，也忘记了他是怎样独自忍受着孤独，又是怎样一个人对抗着整个世界。

或许，世人皆是如此。

在别人登顶巅峰的时刻，我们都习惯惊羡于他绽放出的万丈光芒，却不能尝试将目光移到他的身后，探寻他来时的方向，那里才真正隐藏着助他翱翔的秘籍与宝藏。

在寻梦的路上，初出茅庐的你满怀憧憬，意气风发。可慢慢地你便动摇了最初的信仰，眸子亦逐渐淡失了昔日的清亮，甚至某一天当你拿起别在腰间的鼓槌，却发现它早已腐蚀在现实的风雨里，最后你跌倒在比肩接踵的人潮中，惊恐地看着自己鲜血淋漓的伤口，仓皇逃离。

你颓然地坐在原地，努力安慰自己，成功者只是源于上帝的垂青，梦想本就只能是梦想，它的幻灭正是自己成长的证明。

可你从没想过，自信从容的微笑背后，是滴满汗水与泪水的脚印。而春天之所以如此温暖，也是因为历经了整个寒彻萧瑟的隆冬。

别再喊痛，喊累，责骂现实的残忍，痛斥上帝的不公。现实凭什么对你温柔以待，上帝更是没有闲情对你施以不公。

弱者才习惯把自己不能坚守而被现实磨灭的梦想，当成世界欺骗自己的理由。

谁的成功不是栉风沐雨？谁的人生不是披荆斩棘？

[这个世界， 所有的问题都能解决]

　　这个世界上总有解决问题的方法。觉得胖就减肥，身体弱就锻炼，写不好文章就多写。也许经过一万种尝试之后，你和我一样仍然有些许的自卑。但至少，我们终于能够坦诚又宽容地爱这个不完美、有些胆小却总在进步的自己。

　　作为一个鲜在社交网站上发布照片的人，我曾经深刻地反省，根本原因是不是因为我如今仍然自卑。这也正常，长相差强人意，身材马马虎虎，总有一些自卑的理由。

　　有时候看偶像剧，看别人的高中生活，我的心底常常愤恨难平。因为纵观我的青春期，简直可以用"灾难"二字来形容。那时候我是个小胖子，经常因此而受到朋友们的调侃。比如我站在窗前忧郁地说："学习太累，真想跳下去一死了之。"朋友立马接一句："别，别把地球砸穿。"

　　胖意味着我很难买到合适的衣服，你永远不能指望一个常年穿深色运动服的女生能好看到哪里去。胖不说，我还经常生病，一个月里总有好几天的时间要吃药，甚至打针。生病带来的不适给了我一种很消极的暗示，即使窗外的阳光再好也觉得心头昏暗。

　　所以我不仅羡慕那些袅袅婷婷的艺术班的女孩，我甚至羡慕一个从不生病、走路矫健的女同学，她看起来永远那么活力满满。除此之外，我还不会唱歌，不会跳舞，不会任何乐器，几乎没有任何特长。所有属于青春少女的光芒，一到我这里就变成了一派黯淡。

这样那样的原因让我无比自卑。每次语文老师让同学们上台朗读时，就是我最恐慌的时间。即使不脱稿，我也能感觉到自己在不停地打哆嗦。台下几十双眼睛，每一道目光都像探测灯，让我的紧张和心虚一览无余。

上了大学之后，我参加各种活动，慢慢地克服了自卑，但这是被逼的。那时候我们班有个认真负责、积极踊跃的团支书，一心为班级的荣誉着想，但凡有什么比赛、竞赛，她总在不打招呼的情况下给我们报上名，以此来逼迫行为散漫的我们去参加比赛。

所以我"被加入"了长跑队，"被报名"了朗诵比赛、演讲比赛，甚至被迫参加了我最害怕的数学竞赛。每次我要打退堂鼓的时候，她都严肃地批评加温柔地鼓励，硬生生地将我推上战场。终于有一天，我发现自己站在台上时不再紧张害怕，即使即兴演讲也能游刃有余。当然，我也不是一天就变成这样的。

每逢比赛，我先是一遍一遍地背诵演讲稿，这样，就算再紧张我也能凭借记忆连贯地讲下来。后来我到越来越多的人面前演讲，听他们给我提意见，然后一点一点地对着镜子练习、改正，终于我也变成了一个有台风的人。

从那之后，我终于知道，许多人并非天生能侃侃而谈的，他们和你我一样，在人后练习了无数遍，才终于得以侃侃而谈。我也不知道自己是在哪一刻战胜自卑的，但一路走来，我觉得真正的成长是一个让自己越来越有底气的过程。

这种底气，有时候不仅仅在于考多高的分数，而在于积淀了多少足以让自己不忧不惧的东西。在克服自卑的路上，我不过是用了最笨拙的三个方法：学习、读书、思考。即使现在告别学校开始工作，学习仍然是最能带给我底气的方法。

掌握一项新的技能，考过一门含金量高的资格证书，在工作中不断地积累行业经验，这种学习当真是"逆水行舟，不进则退"的。学习或许不能立竿见影地为你带来一份高薪的工作，但至少给了你找到高薪工作的可能性，也顺带着给了你用高薪工作来证明自我价值的可能性。

有人觉得读名著没有用，那些流传了数百年的名著，那些隐藏在字里行间的真挚、善良与美好，足以让你在暗自哭泣时，因为一个遥远的、未曾谋面的、惺惺相惜的人也曾有过相似的痛苦而心存余温。

我想起自己在情绪波动、忧郁绝望时度过的日子，是那些书拯救了我。那些伟大的、踽踽独行的灵魂，甚至那些充满力量的只言片语，成了我最好的止痛药。读书也总是能够让人产生一种错觉。一个人一生的悲欢离合在五六百页的书中便可尽述，而你以造物主的姿态俯瞰万物时，眼下的痛苦不过是漫长人生河流中一朵最微不足道的浪花。

忘了是哪个哲人说过："思考是人与人之间最后的区别尺度。"在这个信息爆炸的时代，越来越多的人沉迷于微博上的搞笑动态图和段子，沉迷于一遍遍地刷新朋友圈查看他人的最新动态，却鲜有人愿意在人潮拥挤的嘈杂生活里像古人一样"吾日三省吾身"。可思考如此重要，它几乎是最深刻的成长方式。他人走过的路只是参照，从自己的跌倒中思考为何会跌倒才能让自己走得更加顺遂。

曾有人发邮件问我："你是如何变得这么内心强大的？"我回复了简单的一段话："受伤，但不让每一场伤痛白挨，反复思索，一点一点地积累经验和教训，并努力将他们变成要义。看书，读史，相信时间的魔力，由此确信此刻自己的微弱痛苦之于一整个曼妙人生不过是瞬间。聊天，体会他人的生活，借鉴他人的经验，思索自己的人生，由此让自己的精神生活越来越丰厚。"

我当然不是天生就内心强大，不过是在一路走来的过程中，总结了这些所谓的要义。最开始，一看到台下一群西装革履、严肃无比的领导也会紧张，后来的解决方法倒不是上台前给自己拼命打"鸡血"，而是在台下认真地查阅资料，一遍遍地修改工作总结，再往前推——也不过是将工作做得更好而已。

如此才有了些底气，去坦然面对台下那一双双炯炯有神的眼睛，从容应对他们的各种问题和质疑。所以，克服自卑、懦弱和紧张的方法，不过是通过自己对自己的磨炼，变成一个更好的自己，变成一个让人心悦诚服的自己。

这个世界上总有解决问题的方法。觉得胖就减肥，身体弱就锻炼，写不好文章就多写。也许经过一万种尝试之后，你和我一样仍然有些许的自卑。但至少，我们终于能够坦诚又宽容地爱这个不完美、有些胆小却总在进步的自己。

［ 只抱怨不改变，才是真正的无能 ］

　　每天夜班回家时，小区胡同口都可以看见一个卖麻辣烫的。摊主是个小伙子，他自己调的酱味道很特别，隔三差五会在他那儿吃一碗。小伙子很健谈，每次吃麻辣烫时，他总会和你聊半天。

　　问他收入高不高。小伙子说，还行啊，不比你们上班差，只是比你们辛苦啊。他说的没错，每天傍晚出摊，现在夜市上卖，等夜市散场了，又到我们小区门口，每天凌晨2点左右收摊。只要天气不是太差，小伙子基本每天都出摊，一个月下来，有1万多元的收入。

　　这个麻辣烫的小摊只有他一个人"维护"，白天睡醒了，在家把东西准备准备。老婆主要是看孩子，偶尔打打下手。这么算下来，也没有其他人力成本，小伙子收入确实可以。

　　一开始我以为他是因为在老家种地没意思，才来到城市里摆摊挣钱。有一天他说，他是读过大学的，不过学校不好，只是个专科。毕业后"无爹可拼"，再加上学历不够硬，没工作可干。回到老家更是找不到工作，毕竟在这个城市读了几年书，相对熟悉这个城市的情况，干脆还是在这里落脚了。毕业三年多，摆这个麻辣烫的摊一年半，之前还做过各种杂七杂八的活计，不过挣钱太少。

　　听他说自己也是大学生的那一瞬间，我有一些"震惊"。说"震惊"或许也不完全准确，毕竟现在大学毕业找不到工作的人太多太多，摆个麻辣烫的摊也不稀奇。但我还是挺受触动的，也许是因为小伙子的乐观吧。从没听他抱怨过什么，也没听他感慨过，如果知道自己只能卖麻辣烫，当初何必花那么多钱上大学。

有一天和几个朋友吃饭，大家都在感慨现在的大学生找工作真难。尤其是对家境不好的年轻人来说，花了那么多的钱，耗费了几年时光，到头来出路竟然和同乡没上过大学出去打工的年轻人一个样。

在当下的中国，大学生就业远不是"找一份工作"那么简单。工资高低暂且不说，工作背后的社保、医疗，以及未来孩子的教育问题，不同性质的工作带来的"回馈"是有区别的。

其实，在我反对"大学生当搬砖工"的时候，我也会想起小区门口那个卖麻辣烫的小伙子。理论上你不能去赞同"鼓励大学生去做搬砖工"，但现实中，如果无处可落脚，那必须先找个能吃饭的活。十多年前我毕业那会儿，就业远远没有现在艰难，但老师还是强调"先生存，后生活"。

老弟是一个学历不高的人，但他在北京打拼，生活尚可。刚毕业那会，住过地下室，在城乡结合部租房子，工作换了一个又一个，后来竟然换到了外企。他常说自己"运气"好，可我知道，如果只是抱怨，而不是试图改变自己，想方设法挖掘自己的潜力，好的机会永远都不会到来。老弟在外企中做设计，他的"设计"能力完全是大学毕业后自学的，然后靠着自己的作品进入了这家外企。我相信运气的成分，但我更相信努力和吃苦这二者必备的因素。

一位朋友对我说过，"抱怨是无能力的表现"，这话有些"极端"，但我越来越相信它的"合理性"。遇到过一些"只抱怨不改变"的人，其实只要他们吃一点苦完全可以改变自己并不满意的境遇。

有时候总会听一些名人的演讲，他们会告诉你一些态度。其实，对待这个世界的态度，和你征服这个世界的技巧，一样重要。我们应该心怀希望，相信生活的无限可能性。

[目标再紧迫，
也请慢慢来]

　　Cicy26岁生日的那年，是她在北京独自打拼的第二年。想着她刚刚结束一场漫长的异地恋，我特地请了假从上海飞去陪她。简简单单的一桌菜，一个小小的蛋糕，两瓶红酒，两个人一直窝在沙发上聊到深夜。

　　"事业特别迷茫，感觉没什么成长空间，也看不到晋升机会。想辞职转型，但不知道自己想做什么适合什么。如果要转入陌生领域从头学习，又担心自己选错行业方向后悔。"

　　"觉得自己很难再遇到合适的对的人。常常加班，几乎没有时间、精力谈恋爱经营一段感情。有时候甚至觉得自己要做好一辈子一个人过的打算了。"

　　"房租的涨幅比工资涨幅还快。好多好多琐碎事情和世俗压力不断积压。开始很担心爸妈的身体健康。"

　　"有时候真的感觉好累好累。特别是生病一个人深夜去医院看急诊的时候，开始怀疑自己的人生，质疑自己为什么要只身来一个陌生城市打拼。"

　　……

　　无奈归无奈。我俩也清楚地知道，宿醉后的第二天还是要打起精神来，还是要回到各自的生活轨道上，像陀螺一样运转。

　　我一头扎进厚厚的靠枕里："以前大人总提'中年危机'，瓶颈期压力大。可我们才二十多岁呢，怎么就这么迷茫焦虑了？"Cicy说，这大概就是所谓的"四分之一人生危机"吧。

二十多岁时经历的人生危机感，大概是说人生依旧拥有可能性却又不太吃得准自己是否能实现，不确定能否成为想要成为的人，还有没有足够年轻的资本去挥霍，去随心所欲。

我们慢慢会意识到，前面没有什么东西可以让自己依靠，因此不得不开始依靠自己。也意识到，再没有任何方向可以参照，也意味着必须摸索出属于自己的方向。无数次地想要按下人生的暂停键，停一停整顿一下糟糕的自己，却又身不由己被生活浪潮推着往前赶。

Cicy不止一次地说过，她特别佩服她的前任总监，35岁，两个小孩的妈妈。每天早上提前半小时来公司，处理邮件事务并开始安排一天的工作。即使是同时顶着几个项目的压力，也依旧保持优雅淡定，细致有条理地规划好行事历；即使是临时要给老板进行重点工作汇报，也从容不迫地泡上一杯绿茶，打开本子整理好思路，迅速列明报告提纲；即使被借调去处理全新领域的项目，也不急不躁，召集下属开会了解新领域的问题和项目的进展，有条不紊地推动新项目的落实。

最难能可贵的是，"日理万机"的总监还坚持每天给两个孩子用心做丰盛早餐，晚上回家给孩子洗澡，听两个娃娃发表"浴缸演说"，安顿好孩子睡觉之后开始看书，打点家里的花花草草，用水果烘干机、榨汁机、烤箱等做些简单的健康零食，有时间的话还自己准备一份明日的午餐便当。

后来因为丈夫工作调动，Cicy的前任总监便辞职一同去了美国。35岁的年纪，她申请了哥伦比亚大学的硕士，带着两个孩子，一边在学校念心理学硕士，一边在美国公益组织开始实习。

"为什么人家带着两个娃娃还能这么优雅淡定？为什么人家能从容不迫地安排好时间，有条有理？为什么人家有胆有识，对自己的人生有着清晰的规划？"我刚下飞机打开手机，便跳出Cicy的一连串语音消息。

说实话，Cicy的一连串问题我也回答不上，因为这也是我最最困惑的地方。我也羡慕身边那些年长成功人士的优雅淡定，钦佩他们身上那种我学不来的从容不迫，厌恶自己的迷茫痛苦、慌里慌张。

也许，此时此刻所经历的"四分之一人生危机"，恰恰就是上天的用心安排，是每一个年轻人的人生必经阶段。

我们父母一辈人大多在二十多岁的时候就已经完成了婚姻家庭和事业的选择。然而我们面临的情形和他们不同，而从青春期开始的、对于自身角色的探索期，则被持续拉长。

被拉长的探索期里，显著特征便是对未来的迷茫痛苦、频繁的变化、对人生可能性的种种未知。经历过这样的跌跌撞撞，才知道自己内心所向；经历过这样的迷茫不安，才会不断逼着自己前行，探索新领域新环境；经历过这样的窘迫尴尬，才耐得下性子沉淀积累，埋头前行。

记得Cicy的前任总监有一次回国后跟她吃饭，微笑着听完Cicy对于自我人生的怀疑和迷茫困惑，一如既往地优雅。她告诉Cicy："年轻人，不要急。你正在经历的痛苦迷茫也正是我曾经经历过的阶段。你要知道，那个时候的我也是不断挤时间上完有关时间管理、组织架构和领导力提升的课程，补充各种新技能，才能够慢慢掌控好自己的工作节奏，渐渐学会有条不紊地梳理工作的轻重缓急。"

对于大部分人而言，二十几岁时个体的生活状态、角色身份一直是不稳定的、混乱的。只有慢慢接近三四十岁，向成熟期过渡的几年里，这种混乱、不稳定的状态才会得到缓解。而很多人在追溯自己二十多岁的年华时，通常发现自己往往在那时做出一些对一生都会有持续影响的决定，比如伴侣的选择、事业道路的明确等等。

所以，这一时期的迷茫与纠结恰恰是宝贵的必经之路，不断尝试探索、跌跌撞撞、体验经历，才让我们在进入稳定不变的三四十岁之前，更清楚自己喜欢什么、不喜欢什么，从而为自己做出更好的决定，完成对爱、工作、世界和自我身份的认知。

任何人与事的成功都无法一蹴而就，每一阶段的抵达，身后都是一步一个脚印的积累。只要不急不躁，耐心努力，保持对新事物新领域探索的好奇，就是行进在成为更好自己的路上。

好好花心思打点自己的外形，慢慢改善自己的生活态度与求知欲，跟上新科技新技能的潮流，保持阅读与运动来丰富自己的内在。要相信，你所向往的优雅从容终将如期而至。慢慢来，请别急，生活终将为你备好所有的答案。

如果感到迷茫，
那就赶紧行动

[1]

有一个朋友，最近说她很迷茫，

所谓的迷茫，都源于想太多。

在公司工作了几年，工作成绩是有的，但不是很明显。周围朋友很多，但又没有一个人真正好到心底去。日子也是过起走的，但总觉得过得没多少热情和憧憬。

于是总在独处的时候，想着这些困惑，她就开始怀疑自己的人生，觉得自己无所适从，很像一只在海上航行，却没有掌舵者的船。

这样的状态，很多人，尤其是年轻人，都经历过。看不到自己的未来在哪里，想要去追求自己的梦想，但又不知道怎么起步。

想要努力挣脱现实的束缚，可又感觉像做了一场噩梦，找不到梦醒来的出口。

其实那位朋友，工作成绩之所以不明显，那是因为她本来就没工作几年，自己的积累和能力还不够。

朋友虽很多，但很多都是刚认识不久，还没有深入了解。日子虽过得平淡无奇，但她每天都有在进步啊。

其实生活的坑，都是自己给自己挖的，迷茫也是。

我们总是还在刚起步时，就想着终点在哪里。总是在刚学习一项技能时，就力求攻克技术难题，总是在与人初次见面，就想推心置腹。

总是在今天都没过好时，就想着明天该怎么办。

其实所谓的迷茫，很多时候，都是源于我们想得太多了。只要你在前进的路上，只管默默无闻的付出和耕耘。路要一步一步走，饭要一口一口吃，想太多，真的就会让人迷茫和焦虑。

[2]

这是一个兵营里的读者跟我分享的故事。

小丁年龄很小，读书成绩不好，家境也不宽裕，于是被家里人逼着去当了兵。

入伍后他仍旧死活不愿意当兵，觉得部队的生活单调枯燥，天天学习、训练。

他思前想后，感到自己找不到人生的意义在哪里，或者说不知道在这里当兵究竟有何用，每天就这样想着想着，越想越觉得人活着没意思。

期间多次想要逃跑，但都没成功，于是在一天夜里就把红花油喝了，被发现后送往医院洗胃。后来通过干部骨干的谈心帮带，使这名同志渐渐转变了态度。

他不再没日没夜地想着当兵能有什么意义，有什么价值这类连活了100岁的老人，也无法给出标准答案的问题。

他首先在笔记本上给自己设立了每一个小目标，然后就盯着这些目标一个一个完成。

期间也会反复出现迷茫期，但他不允许自己想太多，想多久能退伍，想

［成功，需要突破和创新］

怎么才能逃出去，而是一边努力，一边享受学习的乐趣。

并尝试着去逼着自己不断向前进。同时，他根据团里所需的人才标准，不断调整自己的目标和计划。

空闲时间，他会逼着自己去读书，去跑步，去游泳，但就是不允许自己想太多。

慢慢地这样过了大概1年左右，由于他敢挑担子，敢打敢拼，加上自己身体素质基础好，又努力学习专业技能，爱刻苦钻研，取得了焊工认证等级证书，并在团军事训练尖子比武中夺得单杠，射击和越野等几项第一。

所谓的迷茫，大多数时候都是因为你想太多了。

如果你在迷茫期，不知道自己未来的路在哪里，也不知道自己该怎么继续走下去，那你真应该在每个阶段，有一个切实可行的目标，走一步，算一步，过一天，算一天。

这句话是很多老年人常爱说的，这其实不是消极的人生观，也不是让你对生活有所懈怠，而是让你不要对生活抱有任何不切实际的幻想，甚至是想入非非，想得太多太重，反而或拖住你前行的脚步。

你只有过好了当下，才有资格谈未来，你也只有放下你那些想太多的执念，才能真正走出迷茫期。

[3]

前几天有个读者给我留言，她是一个大二的学生，她很想毕业以后开个咖啡馆，可是父母不同意，认为开个咖啡馆容易嫁不出去，因为他们总认为那里有很多不正当的男女关系，硬逼着她考公务员，然后毕业就结婚生子。

可这个妹妹说，她就要开一个咖啡馆，然后写文读书，认识很多精神上志同道合的来自五湖四海的朋友，她很迷茫，很痛苦。她每天都在反复想着：

如果本着自己的初心，很可能得不到父母的理解和支持，甚至会和他们决裂。如果顺着父母的意思，毕业就回家乖乖考公务员，这又不符合她的性格，不是她的梦想。

人总是会陷入这样两难的境地，不能自拔，然后越想越不对劲，感觉怎么做都是错的，怎么做都找不到正确的那条路。

可她并没有一直陷入这个漩涡，她说，我的问题不是迷茫，就是想太多，我要立刻行动起来。

于是她准备放下一切纠结和不安，要用行动向父母证明，她就是要开咖啡馆，而且要在他们的支持下，光明正大地开馆。

她开始在寒暑假加紧一切时间，勤工俭学，为了能给将来开咖啡馆筹措第一笔资金。

周末她会到城里各类咖啡馆实习打工，是为了学习开咖啡馆的经验。

她还会将咖啡馆里很多温馨感人的故事写下来，并且开办了一个自己的主播平台，与更多的人分享这份温暖和感动。

她告诉我，当她行动起来后，发现自己的迷茫其实已经在不知不觉地消失了，虽然前路依然坎坷，但是她坚信自己能走出一条康庄大道。

所谓的迷茫，就是想太多了，让我们失去了行动的勇气。成功不是靠想就能得到的，迷茫也不是靠想就能走出来的。

你必须行动，只有动起来，在实际的战场上，根据实况，实战，你才能高度集中地冲着梦想直奔而去。

[4]

第一：走出迷茫，你需行动起来。

其实想象中的困难，远比行动中产生的困难更让人痛苦。

当你感到前途未卜时，你试着去应聘自己喜欢的工作，试着去做自己想要做的事，去见自己想见的人，你会发现其实迷茫不过就是你想太多而不动起来的缘故。

第二：立足当下，你需安于寂寞。

其实很多人，并不是迷茫，而是刚开始努力一段时间，没看到成效，于是就开始想太多。

想那么多干什么，成功真不是立竿见影就能看到效果的，你要安于寂寞，懂得等待。

第三：你必须懂得迷茫是人生常态。

每个年龄阶段，都有每个阶段的迷茫。

迷茫不可怕，因为它本来就是人生的常态，你当下最要紧的就是，承认迷茫，然后克服迷茫，最后与迷茫和平共处。

也许所谓的迷茫，真的是你想太多的缘故。

放下你的浮想联翩，放下你的畏首畏尾，也许清空大脑，丢掉思想包袱，你又会重整旗鼓，整装待发！